サムナンと学ぶ

SDGsの経済学

—— カンボジア農村の貧困と幸福度 ——

石黒 馨 著

晃洋書房

は し が き

　本書は，持続可能な開発目標（Sustainable Development Goals：SDGs）について，カンボジア農村におけるフィールドワークによって収集したデータを分析し，カンボジア農村の貧困と幸福度としてまとめたものです．SDGsは，2015年9月の国連総会において採択された行動指針「われわれの世界を変革する——持続可能な開発のための2030アジェンダ——」であり，17の国際目標と169のターゲットからなっています．

　本書で取り上げたテーマは，貧困，妊産婦検診，マイクロ医療保険，初等教育，森林保全，幸福度という6つの分野に関するものです．それぞれのテーマについて，カンボジアの農村において聞き取り調査を行い，データを収集し解析を行いました．シュムリアップ州の7村落にはテーマを変えながら何回も足を運びました．

　本書の作成には多くの方々のご協力を得ました．カンボジア農村のフィールドワークでは日本国際ボランティアセンター（Japan International Volunteer Center：JVC）のカンボジア事務所にお世話になりました．調査先の村長に連絡をとり，私たちの調査がスムーズに運ぶように準備していただきました．カンボジア事務所歴代の責任者の方々，山崎勝さん，皆島円さん，稲垣美帆さん，長谷部貴俊さん，大村真理子さん，現地スタッフのパート・ピーさん，ミエン・ソマッチさん，ありがとうございました．JVCとの出会いがなければ，私たちの調査も本書もあり得ませんでした．日本では珍しいカシューナッツの生ジュースは山崎勝さんに教えてもらいました．これを飲むのがいつもシェムリアップでの楽しみでした．

　バタンバン州の農村調査を調整していただいたテラ・ルネッサンスの江角泰さん，シェムリアップの植林事業を紹介していただいたJST（Joint Support Team for Angkor Preservation and Community Development）の小出陽子さん，カンボジアの厳しい医療現場を教えていただいたジャパンハートの石田健太郎さん，カンボジアの母子保健や保健センターの事情を教えていただいたPHJ（ピープルズ・ホープ・ジャパン）の桜小路光記さん，アンコール小児病院の現状を説明していただいたメイ（Somaly May）さん，児童の学力調査の際に小学校を紹介

していただいたパンニャサット大学の松岡修司さん，これらの方々のご協力に深く感謝いたします．

　炎天下の農村の聞き取り調査の現場で，クメール語の通訳をしてくれたサムナン（Tep Somnang），ウエネイ（Seum Waney），ワンニー（Ra Vanny），ナリン（Narin Doung），キム（Rouen Kim），本当にありがとう．調査の合間にはカンボジアのいろいろな習慣を教えてもらいました．珍しい野生の木の実の食べ方を教えてもらったけど，私のお腹には合わず，下痢をしたこともありました．残念だけど，二度と口には入れたくないな．新型コロナ禍のために最後の調査訪問になった2020年2月以降，サムナンには，シェムリアップの写真も送ってもらいました．

　カンボジアでの在外調査には神戸大学六甲台後援会と神戸大学社会システムイノベーションセンターの助成金を得ました．また出版の際には，晃洋書房編集長の西村喜夫氏にお世話になりました．記して感謝いたします．

　　2020年9月

　　　　　　　　　　　　　　　　　　　六甲山を望む寓居にて

　　　　　　　　　　　　　　　　　　　　石 黒　　馨

目　　次

序　章　本書の課題と概要および調査地

2017.9.9 撮影

通訳のサムナン

─────── この章で学ぶこと ───────

　本章では，本書の課題，本書の概要，調査地について学ぶ.
　第1に，本書の課題は，カンボジア農村において聞き取り調査によって得たデータをもとに，SDGsについて経済学的な分析手法によって検討することである.特に，① 所得貧困，② 妊産婦検診，③ マイクロ医療保険，④ 初等教育，⑤ 森林保全，⑥ 幸福度について検討する.
　第2に，本書の概要では各章の内容を紹介する.本書は，第1章 SDGsとは何か─経緯・アプローチ・目標─，第2章 貧困─農村の所得貧困─，第3章 母子保健─農村の妊産婦検診─，第4章 医療保険─農村のマイクロ医療保険─，第5章 初等教育─児童の学力調査─，第6章 環境保全─農村の森林保全活動─，第7章 幸福度─農村女性の幸福度─の7つの章から構成されている.
　第3に，調査地については，カンボジアの歴史・経済・カンボジアミレニアム開発目標（CMDGs），シェムリアップ州，調査村落について説明する.カンボジアはフランス植民地から独立した1953年以降，激動の時代を経験してきた.調査地は首都プノンペンから北西方向にあり，調査村落は小学校中退率が7割を越える貧しい農村である.

Keywords

SDGs　貧困　所得貧困　妊産婦検診　妊産婦死亡率　新生児死亡率　5歳未満児死亡率　マイクロ医療保険　ユニバーサル・ヘルス・カバレッジ（UHC）　初等教育　教育と貧困　児童の学力　森林保全　植林　森林管理　伐採制限　幸福度　主観的健康度　社会関係資本　カンボジアミレニアム開発目標（CMDGs）　シェムリアップ

　本書は，持続可能な開発目標（Sustainable Development Goals：SDGs）について，カンボジア農村の貧困と幸福度という点からまとめた著書である．ここでいう貧困とは，潜在能力が剥奪された状態である．所得が低いだけではなく，栄養・健康・医療・教育など人間開発の諸側面において達成度合いが低い状態である（Sen 1981, 1993a, 1993b, 1999）．以下では，本書の課題と概要および調査地について説明しよう．

1　本書の課題

　本書の課題は，SDGsのいくつかの目標について，カンボジア農村において聞き取り調査によって得たデータをもとに経済学的な分析手法によって検討することである．特に，以下の問題について検討する．
① 所得貧困：農村における家計所得の決定要因は何か（第2章）．
② 妊産婦検診：妊産婦の産前検診と産後検診の受診に影響を及ぼす要因は何か（第3章）．
③ マイクロ医療保険：マイクロ医療保険（貧困層向け小口医療保険）の需要に影響を及ぼす要因は何か（第4章）．
④ 初等教育：児童の学力に影響を及ぼす要因は何か（第5章）．
⑤ 森林保全：森林保全活動への地域住民の参加に影響を及ぼす要因は何か（第6章）．
⑥ 幸福度：農村女性の幸福度と主観的健康度に影響を及ぼす要因は何か（第7章）．

2　本書の概要

　本書は全7章から構成され，各章の概要は以下の通りである．
　第1章では，SDGsの概要を明らかにし，SDGsに至る経緯，SDGsのアプローチと目標，SDGsで日本が取り組むべき課題について検討する．第1に，SDGsに関する議論は，1972年の国連人間環境会議において地球環境問題が提起されて以降，広汎に注目されるようになった．その後，2000年の国連ミレニアム開発目標（Millennium Development Goals：MDGs）を経て，2015年の国連総会でSDGsとして合意された．第2に，SDGsのアプローチの特徴は，① 経済・環境・

社会の包括的アプローチと，② 目標設定によるグローバルガバナンスという
点にある．SDGsの目標は17あり，それぞれにターゲットが設定されている．
第3に，SDGsで日本が取り組むべき課題は，貧困と格差社会，食料，健康，
教育，ジェンダー，水，資源・エネルギー，生物多様性，ガバナンスなどの広
汎な分野に及ぶ．

　第2章では，SDGsの貧困について検討し，カンボジアの貧困，カンボジア
農村の家計所得の要因について明らかにする．第1に，SDGsの貧困については，
貧困の定義，所得貧困アプローチ，貧困の要因分析，農村の貧困問題，SDGs
の目標とターゲットについて検討する．第2に，カンボジアの貧困では，カン
ボジアのMDGsやSDGsの取り組みや，カンボジアの貧困線・貧困率・貧困削
減について見る．第3に，カンボジア農村の家計所得では，以下の点を明らか
にする．① 農村の家計所得は，農業所得の中の非作物生産所得（家畜・家禽）
に依存している．これらの家計所得への効果は，牛・豚・鶏の飼育数の順で大
きい．② 農村の家計所得は，非農業所得（出稼ぎの仕送り）にも依存している．
家計構成員数が多いほど，出稼ぎの仕送り金額が多く，家計所得への効果も大
きくなる．

　第3章では，SDGsの母子保健を取り上げ，カンボジアの母子保健，カンボ
ジア農村の妊産婦検診について検討する．第1に，SDGsの母子保健の2030年
までの目標は，妊産婦死亡率を出生10万人当たり70人未満に削減し，新生児死
亡率を出生1000件当たり12件以下まで減らし，5歳未満児死亡率を出生1000件
当たり25件以下まで減らすことである．第2に，カンボジアの母子保健では，
2020年までに妊産婦死亡率を出生10万人当たり130人以下にし，新生児死亡率
を出生1000件当たり14件以下にすることを目標にしている．第3に，カンボジ
ア農村の妊産婦検診では，妊産婦検診の決定要因について以下の点を明らかに
する．① カンボジア農村における産前検診や産後検診の受診は，出産年齢や
出産回数などの妊産婦の属性によって異なる．② 妊娠・出産に関する情報源（隣
人・看護師・村長）の相違は，産前検診や産後検診の受診に影響を及ぼす．③ 妊
産婦の社会関係資本は，産前検診や産後検診の受診率に影響を及ぼす．

　第4章では，SDGsの医療保健について考察し，カンボジアの医療保険，カ
ンボジア農村のマイクロ医療保険需要について検討する．第1に，SDGsの医
療保健では，ユニバーサル・ヘルス・カバレッジ（UHC）について明らかにし，
UHCがSDGsで取り入れられるに至った経緯，MDGsの成果と課題，SDGsの

目標とターゲットについて検討する．第2に，カンボジアの医療保険では，カンボジアの厳しい医療財政と貧困層向けの医療保障について明らかにする．第3に，カンボジア農村のマイクロ医療保険需要では，以下の点を明らかにする．① マイクロ医療保険の購入意志は，保険料の支払意志額とは異なる要因によって決定される．② 家計所得や健康・医療状況および医療機関のサービスは，医療保険の購入意志や保険料の支払意志額に影響を及ぼす．③ マイクロ医療保険の需要には，利用する医療機関や医療費の支払方法が影響を及ぼす．

第5章では，SDGsの初等教育について検討し，カンボジアの初等教育，カンボジア農村における児童の学力の要因について明らかにする．第1に，SDGsの初等教育については，教育と貧困の関係，万人のための教育（Education for All：EFA）からSDGsに至る経緯，MDGsの成果と課題，SDGsの目標とターゲットについて検討する．第2に，カンボジアの初等教育では，純就学率，生徒が最終学年まで残る残存率，15-24歳の男女の識字率について明らかにする．第3に，カンボジア農村における児童の学力の要因では，以下の点を明らかにする．① 児童の学力は，父親の学歴，家庭の資産（牛），学校までの通学時間のような家庭の要因によって影響を受ける．② 生徒の年齢，入学年齢，宿題をする頻度，先生への質問回数のような生徒の要因も児童の学力に影響する．③ 学校の要因も学力に影響を及ぼすことが確認された．

第6章では，SDGsの環境保全について検討し，カンボジアの森林保全，カンボジア農村の森林保全活動について明らかにする．第1に，SDGsの環境保全については，経済発展と環境劣化の関係，SDGsにおける気候変動・海洋／海洋資源・陸域生態系の課題，MDGsの成果と課題，SDGsの目標とターゲットについて検討する．第2に，カンボジアの森林保全では，カンボジアの森林面積，森林保護区の監視員，薪炭材への依存について明らかにする．第3に，カンボジア農村の森林保全活動では，以下の点を明らかにする．① 地域住民の森林保全へのボランティア参加は，植林・森林管理・伐採制限のような森林保全の活動内容によって異なる．② 森林保全へのボランティア参加は，地域住民の社会経済的属性や村落によって異なる．

第7章では，カンボジア農村女性の幸福度と主観的健康度に社会関係資本が及ぼす影響について，以下の点を明らかにする．第1に，農村女性の幸福度には次の要因が影響する．家計所得が多く，人に金銭を貸与し，家族への信頼が篤く，社会参加をし，主観的健康度が高い女性ほど，幸福度は高くなる．他方，

家族に5歳未満児がいたり，貧困認定（ID Poor）を受けていたり，学歴（小学校卒業）が高かったりする女性は，幸福度が低い．第2に，主観的健康度には次の要因が影響する．幸福度と同様に，家族への信頼が篤く，人に金銭を貸与し，社会参加する女性ほど，主観的健康度は高い．しかし幸福度と異なり，子供の生存人数が多いと，主観的健康度が高い．また年齢が高く，出産人数が多く，貧困認定（ID Poor）を受けていると，主観的健康度は低くなる．第3に，幸福度と主観的健康度には，社会関係資本が影響している．信頼（家族）・互酬性の規範（金銭貸与）のような認知的社会関係資本や，社会参加のような構造的社会関係資本は幸福度や主観的健康度を高める．

3　調　査　地

3.1　歴史と経済およびCMDGs

1）カンボジアの歴史

カンボジアはインドシナ半島に位置し，その歴史は古く，紀元前の生活跡や人骨も発見されている．国家として全土が統一されたのは，9世始めのジャヤバルマンⅡ世の時であり，この時期にアンコール王朝が創建された．アンコール王朝は12〜13世紀頃に最盛期を迎え，アンコールワットやアンコールトムが建設された．しかし，14〜15世紀頃になると，シャムのアユタヤ王朝と戦争が激化し，アンコール王朝は衰退していく．その後，タイ・ベトナム・ポルトガルなどの干渉を受けてきた．

カンボジアは，1863年にフランスと保護条約を締結し，1887年に仏領インドシナ連邦に編入された．1945年に日本軍の進駐によってフランスの植民地からの独立宣言が出されたが，第2次世界大戦の終戦によって失効した．カンボジアが独立したのは1953年11月である．独立に貢献したシハヌーク国王は，王位を父に譲り，政権を掌握し，仏教社会主義の建設を目指した．しかし，1970年3月の親米派のロン・ノル将軍のクーデタによって，シハヌークは追放され，北京に亡命した．

1975年4月に，ロン・ノル政権はポル・ポトを中心にした共産主義勢力によって打倒され，民主カンプチア政権が樹立された．ポル・ポト政権（クメール・ルージュ）は，毛沢東思想の影響を受け，急進的な共産主義政策を実施した．旧支配層や文化人・科学者・教師などが大量に虐殺された（本多 1989）．ポル・ポト

政権はベトナムと対立し，1977年に国際紛争が勃発した．1979年1月に，ベトナムの支援を受けたヘン・サムリンの救国民族統一戦線がプノンペンを奪還した．ヘン・サムリンはカンプチア人民共和国を樹立したが，シハヌークはこの政権と対立し，1991年10月のパリ和平協定締結まで内戦が続いた．

　和平協定締結後の1993年5月に総選挙が実施された．この総選挙後の新憲法で，シハヌーク国王を国家元首とする立憲君主制となり，カンボジア王国が誕生した．新政権は，旧シハヌーク派のフンシンペック党（ラナリット第1首相）と旧ヘン・サムリン派の人民党（フン・セン第2首相）による連立政権になった．しかし政権は不安定で，両者の間で1997年に武力衝突が起きた．この衝突後，ラナリットは国外に脱出し，1998年7月に第2回の総選挙（国民議会選挙）が実施された．この総選挙で人民党が第1党になり，フン・セン政権が発足した．

　フン・セン政権は，20年以上にわたりカンボジア政治を支配し，近年は野党などの反対勢力やマスコミを弾圧し，親中国の独裁色を強めている（Human Rights Watch 2015）．2017年9月には最大野党の救国党のケム・ソカ党首を国家反逆罪で起訴し，同年11月には救国党の解散命令を出した．さらに同年9月に，フン・セン政権を批判してきた英字新聞カンボジア・デイリーが廃刊に追い込まれ，米国政府系のラジオ・フリー・アジアもプノンペン支局を閉鎖した．対外政策では，人権侵害を理由としたEUの経済制裁（2020年8月発効）に対して，2020年7月に中国とFTAで合意した．

2）カンボジアの経済

　カンボジアは，シハヌーク政権やポル・ポト政権では社会主義や共産主義の計画経済を目指した．しかし内戦後，1993年の総選挙後のカンボジア王国憲法において市場経済化を推進することを明確にした．1999年4月にASEANへの加盟が承認され，2004年10月にはWTOにも加盟した．

　カンボジアは現在，ASEAN後進国のラオスやミャンマーと同様に，国連の後発発展途上国（Less Developed Countries）に位置づけられている．国土面積は，18万1000km^2，人口は1528万8489人（2019年）である（Royal Government of Cambodia 2019b）．カンボジアの国土面積は，3カ国の中で最も狭く，ラオスの7割強でミャンマーの4分の1である．人口は，ラオスの2倍以上であるが，ミャンマーの3分の1である．人口構成は，97％がクメール人で，その他にチャム人や中国人がいる．

　市場経済への転換が明確になって以降，カンボジアは，リーマンショック後の2009年を除けば，高い経済成長率を維持してきた．2011年以降はほぼ7％の経済成長率を堅持し，2018年の経済成長率は7.2％である（ADB 2019a）．経済成長の要因は，繊維縫製業などの輸出の増大や観光産業の成長などである．貿易構造は，中国から原材料を輸入し，米国へ製品を輸出している．2018年の輸出増加率は15.5％，輸入増加率は21.3％である．名目GDP総額（2018年）は245億

表1　CMDGsの達成状況

CMDGsの目標	ターゲット	達成状況
① 極度の貧困と飢餓の撲滅	a) 貧困線以下の貧困を半減する	○
	b) 飢餓の割合を削減する	○
	c) 最貧困層20％の所得を増大する	×
	d) 栄養と発育阻害を改善する	×
② 初等教育の完全な普及	a) 初等教育の純就学率を100％にする	△
	b) 初等教育の修了率を100％にする	×
	c) 15-25歳の普遍的な識字率を達成する	△
	d) 初等教育のジェンダー平等を達成する	○
③ ジェンダー平等の推進と女性の地位向上	a) 教育と識字率のジェンダー平等を達成する	○
	b) 賃金雇用における女性のエンパワーメント	×
	c) ジェンダー暴力との闘い	No target
④ 乳幼児死亡率の削減	a) 乳幼児死亡率の削減	○
	b) 5歳未満児死亡率の削減	○
⑤ 妊産婦の健康改善	a) 妊産婦死亡率の削減	○
	b) 専門介助職員のもとでの出産の増加	○
⑥ HIV／マラリアなどの疾病の蔓延防止	a) HIV感染の削減	×
	b) 結核死亡率の削減	×
	c) マラリア死亡率の削減	○
⑦ 環境の持続可能性の確保	a) 持続可能な開発の原則と天然資源損失の回復	No target
	b) 安全な水と衛生へのアクセスの達成	○
	c) 薪炭材への依存の削減	×
	d) 安全な土地保有の増加	○
⑧ グローバル・パートナーシップ	No target	No target
⑨ 地雷の除去と犠牲者支援	a) 民間死傷者の削減	○
	b) 汚染地域の除去	○

出所) Royal Government of Cambodia (2018a).

USDで，１人当たり名目GDPは1509USDである．物価水準も2012年以降４％
以下を維持しており，2018年の消費者物価上昇率は2.5％である．産業構造（対
GDP比）は，農業が23.5％，工業が34.4％，サービス業が42.1％である．

３）カンボジアMDGs

　カンボジア政府は，2000年の国連のMDGsに合わせてカンボジア・ミレニ
アム開発目標（Cambodian Millennium Development Goals：CMDGs）を作成した．**表
１**はその目標と達成状況を表す（Royal Government of Cambodia 2018a, 2019a）．
④乳幼児死亡率の削減，⑤妊産婦の健康改善，⑨地雷除去については，
CMDGsの目標を達成した．しかし，それ以外の目標については十分に達成さ
れているわけではない．このような残された課題がSDGsの目標として引き継
がれている．

3.2　シェムリアップ州

　調査地は，カンボジア・シェムリアップ州のチクレン郡（Chi Kraeng District）
の農村である（**図1**）．ただし，第５章の児童の学力調査だけはシェムリアップ
市郊外である．シェムリアップ州は人口が100万6512人（Royal Government of
Cambodia 2019b）で，首都プノンペンから北西方向にあり，東南アジア最大の湖

図1　調査地

のトンレサップ湖の北岸に位置している．州都シェムリアップ市はアンコール
遺跡群を中心に観光都市として発展している．しかし，観光客が多く集まるの
はおもにシェムリアップ市街地で，郊外に出ると田畑が広がる農村地帯である．
チクレン郡は，州内14郡の１つで，2011年の世帯数は2949世帯である（Royal
Government of Cambodia 2011a）．

　図２は，シェムリアップ州の経済変数を他の州と比較したものである．この
図には貧困率以外に，第２章の農村の家計所得で採り上げる米の収穫量と家畜・
家禽類の飼育数が示されている．

　シェムリアップ州の貧困率（2011年）は21.3％であり，全国平均19.8％（2014年
13.5％）よりも高く，全23州（2013年12月31日にトボンクムン州が分離し，現在は全24州）・
プノンペン特別市の中で11番目に貧困率が高い（図２①参照）．米の生産量は，
単位面積当たり2.96トン／ha（全国平均3.1トン／ha）であり，米の土地生産性は
他の州よりも低い（図２②参照）．単位面積当たりの家畜（牛＋豚）飼育数は，

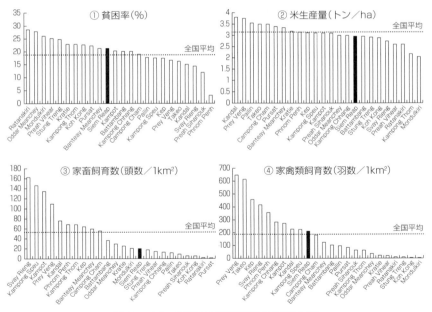

図２　カンボジアの経済変数の州別比較

出所）貧困率はMinistry of Planning（2014a），米生産量はJICA（2014），家畜・家禽保有数は，United
Nations' Environmental Animal Health Management Initiative（2012）．

36.3頭／1km²（全国平均48.1頭／1km²），家禽類212.2羽／1km²（全国平均188.7羽／1km²）である．牛・豚の飼育数については全国平均を下回っているが，家禽類の飼育数は全国平均を上回っている（図2③④参照）．

3.3　調査村落

　調査村落はシェムリアップ州チクレン郡内の7村落である．この内6村落では日本国際ボランティアセンター（Japan International Volunteer Center：JVC）が生業改善の支援を行っている．カンボジアの気候は熱帯モンスーンで，季節は5〜10月の雨期と11〜4月の乾期に分かれている．雨期にはトンレサップ湖が膨張し，天然の貯水池の機能を果たす一方で，村内の多くが浸水するため住居は高床式になっている．

　村落の農家には，椰子・バナナ・パパイヤ・ココナッツなどの樹木や植物が庭や裏庭に植えられている．これら樹木や植物の利用方法は多様である．椰子の幹は木材・薪，果実は食料，笹は屋根に用いられる．住居の階上部分で寝起きする．多くの住居は，入り口以外に窓はなく，戸を閉めると隙間から薄日が入るくらいで暗い．住居の軒下部分が昼間の生活場所で，居間・作業場，調理場，木材置き場，家畜（牛）の飼育場所などになっている．庭に水浴用の小屋があり，手桶式の簡易トイレが併設されている．

　村落内では送電線によって電気を利用する農家は少ない（電気代は月2.5USD）．電源はバッテリーを利用し，ラジオ・スマホ・衛星放送・DVDなどを楽しむ．運搬の動力はおもに牛やトラクターである．牛は，運搬・農耕の手段であると共に家計の貯蓄の手段でもある．農村では銀行口座を持っている者はいない．

2016.9.1 撮影　　　　　　　　　　　　　　2016.9.7 撮影

写真1　調査村落

牛1頭は500〜1000UDSである．小口の貯蓄手段は製材された板である．1枚ずつ板を軒下に積み上げていく．モロッコのレンガ1つずつの貯蓄と同じである（Banerjee and Duflo 2011）．移動手段は，一般的にはバイクや自転車である．調理は簡易なカマドで行われ，調理用燃料は基本的には薪で（薪1棚は25USD），炭もよく使われる（炭1袋は6.25USD）．飲料水はおもに雨水や井戸水で，ミネラルウオーターがNGOによって提供される場合がある．カンボジア農村ではこうした生水の飲料水の利用者が41.7％もいる（Royal Government of Cambodia 2018b）．

　仕事はおもに農業や林業で，小川で漁業をする者もいる．NGOの支援で野菜畑作をしている農家も多い．村落内の日雇い農作業の日給は，男性は5 USD，女性は2.5USDである．ただし，仕事は農繁期にしかなく，毎日働けるわけではない．多くの家計ではカンボジア国内外へ出稼ぎに出ている．出稼ぎ先はシェムリアップ市街地やプノンペンあるいはタイなどが多い．シェムリアップ市街地には，アンコールワットなど世界遺産の観光関連のホテル・飲食店・土産物屋・トゥクトゥク運転手・観光ツアーなどの仕事がある．2020年春以降は，COVID-19によって外国人観光客が激減し，こうした仕事はまったくなくなった．

第1章　SDGsとは何か
──経緯・アプローチ・目標──

2016.9.10撮影

トンレサップ湖

─────── この章で学ぶこと ───────

　本章では，SDGsに至る経緯，SDGsのアプローチと目標，SDGsで日本が目指すことについて学ぶ．

　第1に，SDGsに関係する議論が注目されるようになったのは，1972年の国連人間環境会議において地球環境問題が提起されてからである．2000年の国連ミレニアム開発目標（MDGs）を経て，2015年の国連総会でSDGsとして採択された．

　第2に，SDGsのアプローチの特徴は，① 経済・社会・環境の包括的アプローチと，② 目標設定によるグローバルガバナンスという点にある．SDGsの国際目標は17あり，それぞれにターゲットが設定されている．

　第3に，SDGsで日本が目指すことは，① 貧困と格差社会の解消，② 食料の生産改善と安定供給，③ 健康社会の実現，④ 質の高い教育へのアクセス，⑤ ジェンダー平等，⑥ 水災害への対応と健全な水循環，⑦ 資源・エネルギー利用の改善，⑧ 生物多様性の維持，⑨ 市民参加のガバナンスの構築などの広汎な分野に及ぶ．

Keywords

SDGs（持続可能な開発目標）　MDGs（ミレニアム開発目標）　だれ一人置き去りにしない　成長の限界　かけがえのない地球　人間環境宣言（ストックホルム宣言）　われら共有の未来　地球サミット　環境と開発に関するリオ宣言　アジェンダ21　気候変動枠組み条約　生物多様性条約　地球システムの限界　国連ミレニアム宣言　ヨハネスブルク宣言　人間開発（潜在能力）の欠如　国連グローバル・コンパクト（UNGC）　相対的貧困　8050問題

1 SDGsに至る経緯

持続可能な開発目標（SDGs）とは，2015年9月に国連サミットで採択された「われわれの世界を変革する──持続可能な開発のための2030アジェンダ──」（United Nations 2015b）に示された目標である．国際社会は2030年までにこの目標の達成を目指すことになった．SDGsは，17の目標と169のターゲットから構成され，地球上の**だれ一人置き去りにしない**（Leave No One Behind）ことを宣言している．

SDGsに至る経緯について歴史的に検討し，SDGsのもとになった2000年のミレニアム開発目標（MDGs）の成果と課題について確認する．

1.1 持続可能な開発

持続可能な開発に関する議論には長い歴史がある（表1-1）．1972年にローマクラブが，地球の資源の有限性に基づいて**成長の限界**（Meadows *et al.* 1972）について警鐘を鳴らした．ローマクラブは，システムダイナミクスの手法によって人口増加や環境汚染などが現在の傾向を続ければ，100年以内に地球上の成長は限界に達するとした．

この報告書が提出された1972年の6月に国連人間環境会議がストックホルムで開催された．環境問題についての世界で最初の政府間会合である．この会議の合い言葉は**かけがえのない地球**（Only One Earth）である．この会議において**人間環境宣言**（ストックホルム宣言）と「環境国際行動計画」が採択された．こ

表1-1　SDGsに至る歴史的経緯

年月	宣言・目標など
1972	成長の限界（ローマクラブ）
1972.6	かけがえのない地球（ストックホルム宣言）
1987.4	われら共有の未来（ブルントラント委員会）
1992.6	環境と開発に関するリオ宣言（地球サミット）
2000.9	ミレニアム開発目標（MDGs）
2012.6	SDGsの提案（リオ＋20会議）
2015.9	だれ一人置き去りにしない，持続可能な開発目標（SDGs）

の行動計画を実行するために，国際連合に環境問題を専門に扱う国連環境計画
（UNEP）がケニアのナイロビに設立された．

　持続可能な開発とは何か．環境と開発に関する世界委員会（ブルントラント委
員会）が，1987年4月に**われら共有の未来**（Our Common Future）という報告書
（World Commission on Environment and Development 1987）を公表した．この報告書
において，持続可能な開発が，「将来世代の欲求を満たしつつ，現在世代の欲
求も満足させるような開発」と定義された．この定義において，同世代内の衡
平性だけではなく，世代間の衡平性についても経済開発の課題として提起さ
れた．

　1992年6月にブラジルで開催された「環境と開発に関する国連会議」（地球サ
ミット）において，持続可能な開発に関する各国の責任が明確に示された．こ
の会議では，環境と開発に対する行動指針となる**環境と開発に関するリオ宣言**
と，持続可能な開発に向けたアクションプランである**アジェンダ21**が採択され
た．リオ宣言では，環境に関する各国の責任が示された．第1に，各国は，自
国の資源の開発主権を有すると共に，他国の環境に損害を与えないようにする
責任がある．第2に，地球環境の悪化に関して，先進国と途上国は，共通だが
差異のある責任がある．またこの国連会議で，多国間国際条約として**気候変動
枠組み条約**と**生物多様性条約**が締結された．

　持続可能な開発に関する議論は，2000年9月の国連ミレニアム・サミットで
8つの目標に集約された．このサミットでは21世紀における国連の役割につい
て議論され，**国連ミレニアム宣言**が採択された（United Nations 2000）．この宣言
と共に**ミレニアム開発目標**（MDGs）が合意され，2015年までに国際社会が目
指す8つの目標，21のターゲット，60の指標が掲げられた．

　2002年9月に持続可能な開発に関する世界首脳会議（ヨハネスブルグ・サミット）
が南アフリカで開催された．この会議では，1992年に採択されたアジェンダ21
の実施状況を点検し，今後の取り組みを強化することが合意された．多くの国
連加盟国やNGOが参加し，持続可能な開発に関する**ヨハネスブルグ宣言**が採
択された．この宣言において，持続可能な開発が経済・社会・環境の3つの柱
から構成されることが合意された．

　SDGsのアイデアは，2011年9月の国連総会においてコロンビアとグアテマ
ラによって提起された．その後，MDGs後の開発アジェンダを議論するリオ＋
20会議の準備会合においてSDGsが具体的に提案された．2012年のリオ＋20会

議では以下の点が確認された．持続可能な開発は，経済・社会・環境の相互連環の中で確立される．この3つの柱の中で，環境は，経済と社会が存立するための大前提である．この議論の中で採り上げられたのが地球システムの限界である．**地球システムの限界**とは，人類が社会経済活動をするために許容される地球システム上の境界である．この境界内であれば，地球システムは回復できる．しかしその境界を超えると，地球システムが大きく変動する危険がある．

2015年9月，国連総会で**持続可能な開発目標**（SDGs）が採択された（United Nations 2015b）．SDGsには2つの特徴がある（蟹江 2017）．第1に，SDGsは，経済・社会・環境に関する包括的な概念であるという点である．持続可能な開発は，経済・社会・環境の相互連環の中で確立される．第2に，SDGsのグローバルガバナンスが目標設定方式であるという点である．従来のような各国の事情を前提に法的枠組みを積み上げ，国際レジームを形成するというボトムアップ方式ではない．最初に国際社会の目標を設定し，その目標に向けて各国がどのような方法を採用するかを決めていくというトップダウン方式である．

1.2 MDGsの成果と課題

SDGsは，MDGsの成果とその残された課題をもとにつくられた．MDGsの主要な課題は，発展途上国の貧困問題とその削減であった．MDGsでは，1人1日1.25ドル未満の所得で生活する人々を貧困層と呼ぶ．しかし，こうした低所得は貧困の一面でしかない．貧困は多面的であり，より根本的な**貧困**は，飢餓に苦しむ，栄養状態が悪い，乳幼児が生きられない，病気・ケガでも医療が受けられない，質の高い教育が受けられないなどの**人間開発**（潜在能力）の欠如である（Sen 1999）．

MDGs達成期限の2015年，国連は最終報告書（United Nations 2015a）を発表した．この報告書によれば，発展途上国の貧困は大幅に削減された．MDGsは，目標・ターゲット・指標から構成されている．8つの開発目標のそれぞれに具体的なターゲットが設定され，それぞれのターゲットを具体的な指標によってモニターすることになっている．MDGsの8つの目標の成果と課題は以下の通りである（United Nations 2015a, 勝間 2012）．

目標① 極度の貧困と飢餓の撲滅

ターゲットは，1日1.25ドル未満の貧困人口と飢餓に苦しむ人口の割合を，

2015年には1990年の半数に減らすことである．1）成果：1日1.25ドル未満で生活する人口の割合は，1990年時点で47％であったが，2015年には14％まで減少した．極度に貧困な状態で生活する人々は，1990年の19億2600万人から2015年には8億3600万人に減少した．発展途上国における栄養不良の人口割合は，1990-92年の23.3％から2014-16年の12.9％に半減した．2）課題：依然として8億人以上の極度の貧困層が存在し，特にサハラ以南アフリカ地域には，2015年現在，人口の40％が極度の貧困状態にある．

目標② 初等教育の完全普及

　ターゲットは，すべての子供が男女の区別なく初等教育を修了することであり，その指標として純就学率，最終学年まで到達する生徒の割合，識字率が設定された．1）成果：小学校の純就学率は，2000年の83％から2015年の91％に上昇した．純就学率の増大は，特にサハラ以南アフリカで顕著に見られた．識字率は，1990年の83％から2015年の91％に上昇した．2）課題：いまだに多くの不就学児童が存在する．

目標③ ジェンダー平等の推進と女性の地位向上

　ターゲットは，すべての教育における男女格差の解消である．その指標として女子生徒の比率の上昇，女性賃金労働者の増大，女性国会議員の増大が設定された．1）成果：初等・中等・高等教育における男女格差は解消した．南アジアでは，小学校の女子の比率は1990年の74％から103％に上昇した．女性の国政参加については，過去20年間に174カ国の90％の女性がその権利を得た．2）課題：女性の国会議員は5人に1人にすぎない．

目標④ 乳幼児死亡率の削減

　ターゲットは，5歳未満児死亡率を，2015年までに1990年の3分の1に削減することである．その指標には5歳未満児死亡率，乳幼児死亡率，1歳児の麻疹の予防接種割合が示された．1）成果：乳幼児死亡者数（1000人当たり）は，1990年の90人から2015年の43人に半分以下に減少した．麻疹の予防接種は，2000年から2013年の間に1560万人の死亡を防止した．2）課題：1日1万6000人の5歳未満児死亡を削減することである．

目標⑤ 妊産婦の健康改善

ターゲットは，妊産婦死亡率を2015年までに1990年の4分の1に削減し，リプロダクティブ・ヘルスを普及することである．1）成果：妊産婦死亡率（出産10万件当たり）は，1990年の380人から2013年の210人に減少し，1990年以降45％減少した．専門技能保健師の介助出産は，1990年の59％から2014年には71％に上昇した．2）課題：発展途上国における4回以上の産前検診の受診率は50％しかない．

目標⑥ HIV／エイズやマラリアなどの疾病の蔓延防止

1）成果：HIVへの新たな感染は，2000年から2013年に40％減少し，感染者数も350万人から210万人に減少した．マラリアは，2000年から2015年の間に620万人以上が死亡を免れた．結核の予防／治療によって，2000年から2013年の間に3700万人の命が救われた．2）課題：サハラ以南アフリカではなお，HIV／エイズの感染率が高い．

目標⑦ 環境の持続可能性の確保

ターゲットは，森林面積減少の削減，安全な飲料水へのアクセス，スラム居住者の削減などである．1）成果：森林面積の減少は，1990年代の830万ha／年の減少から2000年から2010年の520万ha／年の減少に低下した．安全な水の利用は，1990年の76％から2015年の91％に改善した．発展途上国のスラム居住人口比率は，2000年の39.4％から2014年の29.7％に改善した．2）課題：世界の二酸化炭素の排出量は，1990年以降50％以上増加している．海洋漁業資源の乱獲が生物資源の減少をもたらしている．

目標⑧ 開発のためのグローバル・パートナーシップの推進

発展途上国への支援には，ODA，市場アクセス，債務維持可能性などが設定された．1）成果：ODA額は，2000年から2014年に66％増加し1352憶ドルに達した．2014年には発展途上国から先進国への輸出製品の79％が免税である．2）課題：ODAの拠出目標値は先進国のGNI（国民総所得）の0.7％である．現状は0.29％であり，目標を達成している先進国は5カ国しかない．

2　SDGsのアプローチと目標

2.1　SDGsのアプローチ

SDGsのアプローチには，① 経済・社会・環境に関する統合的で体系的な認識と，② 目標設定によるグローバルガバナンスという 2 つの特徴がある（蟹江 2017）。

第 1 に，経済・社会・環境に関する統合的で体系的なアプローチは，MDGs の成果と反省によるものである．SDGsは，MDGsの貧困削減という目標を継承しているが，それだけではない．SDGsは，人間社会と地球システムの相互依存性を踏まえ，統合的で体系的なアプローチを採用している．

経済，社会，環境の相互依存関係の中で，MDGsは発展途上国の貧困削減のような経済問題を優先し，環境問題を十分に考慮していなかった．SDGsは，地球環境の持続可能性の中で，経済，社会，環境の相互依存を統合的に議論するアプローチを採っている．

第 2 に，目標設定によるグローバルガバナンスというアプローチは，MDGs を引き継ぐものである．ただし，MDGsは政府間交渉によってではなく，国際連合によって作成された目標である．これに対してSDGsは，2 年間にわたる政府間の交渉と検討によって作成された目標である．

SDGsの達成において重要な点は，各国の政府・自治体・企業・NGOなどの多様な主体が，国際目標に貢献するようなターゲットや指標を設定し，目標達成に向けた実施メカニズムを構築することである．例えば環境の分野では，政府や自治体の指標と共に，企業が工場での再生可能エネルギーの割合を10%高めたり，家庭が電力消費を月10%削減したりする指標を作成することが重要である．

多様な主体の中でも，女性，若者，先住民，農民，企業，労働組合，科学者，NGO，国連などのメジャーグループの役割が重要になる．SDGsを啓発するために，こうした主体に向けて多様なキャンペーンやネットワークが作られている．例えば，グローバル・ゴール・キャンペーンは，70億人を 7 日間で啓発するというスローガンのもとに世界の著名人のメッセージを提供した．また**国連グローバル・コンパクト**（UNGC）は，企業向けの行動指針である「SDGsコンパス」や，企業向けのビジネスチャンスを示した「SDGs産業マトリックス」

を作成している.

2.2 SDGsの17の目標

SDGsの17の目標について見てみよう. SDGsは, MDGsと同様に目標・ターゲット (tgt.)・指標からなっている (United Nations 2015b, United Nations *About the Sustainable Development Goals*).

目標① あらゆる貧困をなくそう

2030年までに, 1日1.9ドル未満で生活する極度の貧困を終わらせる (tgt.1). 貧困状態にあるすべての年齢の男性・女性・子供の割合を半減させる (tgt.2). 社会保護の制度や対策によって貧困層や脆弱層に対し十分な保護をする (tgt.3). すべての男性と女性が, 相続財産・天然資源・新技術・金融サービスおよび経済資源などについて平等な権利を持てるようにする (tgt.4). 貧困層や脆弱層の強靱性を構築し, 経済的・社会的・環境的ショックや災害への脆弱性を軽減する (tgt.5).

目標② 飢餓の撲滅, 栄養の改善, 持続可能な農業を促進しよう

2030年までに, 飢餓を撲滅し, 特に貧困層や脆弱層が十分な栄養を得られるようにする (tgt.1). 5歳未満児の発育阻害や消耗性疾患について国際合意された目標を2025年までに達成する. 2030年までにあらゆる形態の栄養不良を解消し, 若年女子・妊婦/授乳婦および高齢者の栄養改善を実現する (tgt.2). 小規模の食料生産者の農業生産性や所得を倍増させる (tgt.3). 持続可能な食

2018.9.8 撮影　　　　　　　　　　　　　　　　　　　2018.9.8 撮影

写真 1 - 1　農村の老人と子供たち

料生産システムを構築し，強靭な農業を実現する（tgt.4）．2020年までに，動物や植物の遺伝的多様性を維持し，遺伝資源やこれに関連する伝統的な知識から生じる利益の公正で衡平な分配を促進する（tgt.5）．

目標③ すべての人に健康を確保し，福祉を促進しよう

2030年までに，世界の妊産婦死亡率を出生10万人当たり70人未満に削減する（tgt.1）．新生児死亡率を出生1000件当たり12件以下まで減らし，5歳未満児死亡率を出生1000件当たり25件以下まで減らす（tgt.2）．エイズ・結核・マラリアなどを根絶する（tgt.3）．非感染性疾患による若年死亡率を3分の1減少させる（tgt.4）．薬物やアルコールなどの乱用を防止する（tgt.5）．道路交通事故による死傷者を半減させる（tgt.6）．性と生殖に関する保健サービスをすべての人が利用できるようにする（tgt.7）．すべての人にユニバーサル・ヘルス・カバレッジ（UHC）を実現する（tgt.8）．有害化学物質や，大気・水質・土壌の汚染による死亡および疾病の件数を大幅に減少させる（tgt.9）．

目標④ すべての人に質の高い教育を確保しよう

すべての子供が無償かつ公正で質の高い初等教育と中等教育を修了できるようにする（tgt.1）．すべての子供が質の高い乳幼児発達支援やケアおよび就学前教育にアクセスできるようにする（tgt.2）．すべての人が質の高い技術教育・職業教育・大学を含む高等教育への平等なアクセスを得られるようにする（tgt.3）．仕事や起業に必要な技能を備えた若者や成人の割合を大幅に増加させる（tgt.4）．教育におけるジェンダー格差をなくし，障害者や先住民などの脆弱層があらゆるレベルの教育や職業訓練に平等にアクセスできるようにする（tgt.5）．すべての若者や成人が，読み書きや計算の能力を身に付けられるようにする（tgt.6）．すべての学習者が，持続可能な開発を促進するために必要な知識や技能を習得できるようにする（tgt.7）．

目標⑤ ジェンダー平等を実現しよう

すべての女性や女児に対するあらゆる差別を撤廃する（tgt.1）．すべての女性や女児に対するあらゆる暴力を排除する（tgt.2）．未成年者の結婚，早期結婚，強制結婚および女性器切除など，すべての有害な慣行を撤廃する（tgt.3）．無報酬の育児や介護および家事労働を正当に評価する（tgt.4）．すべての意思決

2017.9.3 撮影　　　　　　　　　　　　　　　　　　　　2018.9.8 撮影

写真1-2　　雨水の飲料

定において，女性の参画や平等なリーダーシップの機会を確保する（tgt.5）．
性と生殖に関する健康や権利への普遍的アクセスを確保する（tgt.6）．

目標⑥ 安全な水とトイレをすべての人に提供しよう

　すべての人に安全な飲料水へのアクセスを確保する（tgt.1）．すべての人に
下水施設や衛生施設へのアクセスを確保し，野外での排泄をなくす（tgt.2）．
有害な化学物質の放出削減や汚染水の減少によって水質を改善する（tgt.3）．
水の利用の効率改善や，淡水の持続可能な供給確保によって，水不足に悩む人
を減少させる（tgt.4）．統合的な水資源管理を推進する（tgt.5）．森林・河川・
湖沼などの多様な領域の水に関連する生態系の保護や回復を実施する（tgt.6）．

目標⑦ クリーンなエネルギーをすべての人に確保しよう

　現代的なエネルギーサービスへのアクセスをすべての人に確保する（tgt.1）．
世界の再生可能エネルギーの割合を大幅に増大させる（tgt.2）．世界全体のエ
ネルギー効率の改善率を倍増させる（tgt.3）．

目標⑧ すべての人に人間らしい雇用を確保し，経済を成長させよう

　経済成長を持続させ，特に後発発展途上国は少なくとも年率7％の成長率を
維持する（tgt.1）．技術革新によって高い経済生産性を達成する（tgt.2）．雇用
創出・起業・技術革新を支援する開発重視型の政策を促進し，中小零細企業の
設立や成長を奨励する（tgt.3）．資源効率を改善し，環境劣化を伴わない経済
成長を実現する（tgt.4）．すべての人に働きがいのある人間らしい雇用を確保し，

同一労働同一賃金を達成する（tgt.5）．就労・就学・職業訓練のいずれも行っていない若者の割合を減らす（tgt.6）．強制労働を根絶させ，現代の奴隷制・人身売買を終らせる．児童兵士を含めあらゆる児童労働を撲滅する（tgt.7）．移住労働者や不安定雇用労働者などすべての労働者の権利を保護する（tgt.8）．雇用創出・地方文化振興・産品販促につながる持続可能な観光業を促進する（tgt.9）．すべての人の銀行・保険などの金融サービスへのアクセスを促進する（tgt.10）．

目標⑨ 産業と技術革新の基盤をつくろう

　すべての人の経済発展と福祉を支援するために，持続可能で強靱なインフラを開発する（tgt.1）．持続可能な産業化を促進する．後発発展途上国についてはその割合を倍増させる（tgt.2）．特に発展途上国において金融サービスやバリューチェーンおよび市場への小規模製造業のアクセスを拡大する（tgt.3）．資源効率が高く，クリーンで環境に配慮した技術を導入し，持続可能性を向上させる（tgt.4）．産業部門における科学研究を促進し，技術能力を向上させる（tgt.5）．

目標⑩ 人や国の不平等をなくそう

　国民の中で所得が下位40％の人の所得を増大させる（tgt.1）．年齢・性別・障害・人種・民族・出自・宗教・経済的地位などに関わりなく，すべての人の能力を強化し，社会的・経済的・政治的な包摂を促進する（tgt.2）．差別的な法律・政策・慣行を撤廃し，機会均等を確保し，成果の不平等を是正する（tgt.3）．税制・賃金・社会保障などによって，人々の平等を拡大する（tgt.4）．世界の金融市場や金融機関に対する規制や監視を強化する（tgt.5）．地球規模の金融経済システムの意思決定において発展途上国の参加や発言力を拡大させ，より説明責任のある制度を構築する（tgt.6）．安全で秩序ある移住や移動を政策によって保障する（tgt.7）．

目標⑪ 持続可能な都市と住居を実現しよう

　すべての人に適切な住居へのアクセスを確保しスラムを改善する（tgt.1）．すべての人が利用できる持続可能な輸送システムを構築する（tgt.2）．すべての国の人間居住計画の能力を強化し，包摂的で持続可能な都市を促進する

2018.9.10撮影　　　　　　　　　　　　　　　　　　　　　2018.9.9撮影

写真1-3　農村の女性

（tgt.3）．世界の文化遺産や自然遺産の保護や保全を強化する（tgt.4）．水関連の災害による死者や被災者を削減する（tgt.5）．大気汚染の削減や廃棄物の管理によって都市の環境悪化を軽減する（tgt.6）．安全で利用が容易な緑地や公共スペースへのアクセスを提供する（tgt.7）．

目標⑫ 持続可能な消費と生産を確保しよう

　持続可能な消費と生産に関する10年計画枠組みを実施する（tgt.1）．天然資源の持続可能な管理と効率的な利用を達成する（tgt.2）．小売・消費における食料の廃棄を半減させ，収穫後損失などの生産・サプライチェーンにおける食料の損失を減少させる（tgt.3）．健康や環境への悪影響を最小化するために，化学物質や廃棄物の大気・水・土壌への放出を削減する（tgt.4）．廃棄物の発生防止・削減・再生利用・再利用によって，廃棄物を削減する（tgt.5）．大企業や多国籍企業が持続可能性に関する情報を定期的に報告するように奨励する（tgt.6）．持続可能な公共調達を促進する（tgt.7）．持続可能な開発や自然と調和したライフスタイルに関する情報や意識を持つようにする（tgt.8）．

目標⑬ 気候変動に具体的な対策をしよう

　気候関連災害や自然災害に対する強靱性や適応力をすべての国において強化する（tgt.1）．気候変動対策を各国の政策・戦略・計画に盛り込む（tgt.2）．気候変動の緩和（抑制）・適応・影響削減や早期警戒に関する教育や啓発を促進し，人的能力や制度機能を改善する（tgt.3）．

目標⑭ 持続可能な海洋・海洋資源を確保しよう

あらゆる種類の海洋汚染を防止し削減する（tgt.1）．海洋や沿岸の生態系を回復する（tgt.2）．海洋酸性化の影響を最小限化する（tgt.3）．水産資源の回復のために，漁獲量を規制し，過剰漁業や違法漁業および破壊的な漁業慣行を終了する（tgt.4）．科学的な情報に基づいて少なくとも沿岸域や海域の10％を保全する（tgt.5）．過剰漁業につながる補助金を禁止し，違法漁業につながる補助金を撤廃する（tgt.6）．漁業・水産養殖・観光の持続可能な管理などによって，小島嶼発展途上国や後発発展途上国の経済便益を増大させる（tgt.7）．

目標⑮ 持続可能な陸と森林を守ろう

陸域生態系と内陸淡水生態系の保全・回復・持続可能な利用を確保する（tgt.1）．森林の持続可能な経営を促進し，森林減少を阻止し，劣化した森林を回復し，新規植林や再植林を増加させる（tgt.2）．砂漠化・干ばつ・洪水などの影響を受けた土地の劣化を回復する（tgt.3）．持続可能な開発に不可欠な便益をもたらす山地生態系の能力を強化し，山地生態系を保全する（tgt.4）．自然生息地の劣化を抑制し，生物多様性の損失を阻止し，2020年までに絶滅危惧種を保護する（tgt.5）．遺伝資源の利用から生ずる利益の公正かつ衡平な分配を推進する（tgt.6）．保護の対象となっている動植物種の密猟や違法取引を撲滅する（tgt.7）．外来種の侵入を防止し，これらの種による陸域・海洋生態系への影響を減少させる（tgt.8）．生態系と生物多様性の価値を各国の戦略に組み込む（tgt.9）．

2015.2.24撮影　　　　　　　　　　　　　　　　2017.9.7撮影

写真 1 – 4　農村の生活

目標⑯ すべての人に平和と公正を実現しよう

　すべての暴力や暴力に関連する死亡率を大幅に減少させる（tgt.1）．子供に対する虐待・搾取・取引やあらゆる形態の暴力や拷問を撲滅する（tgt.2）．すべての人に司法への平等なアクセスを提供する（tgt.3）．違法な資金や武器の取引を減少させ，略奪された財産の回復や返還を強化し，あらゆる形態の組織犯罪を根絶する（tgt.4）．すべての汚職や贈賄を減少させる（tgt.5）．説明責任のある透明性の高い公共機関を発展させる（tgt.6）．包摂的で参加型の意思決定を確保する（tgt.7）．グローバルガバナンス機関への発展途上国の参加を拡大する（tgt.8）．すべての人に出生登録を含む法的な身分証明を提供する（tgt.9）．情報へのアクセスを確保し，基本的な自由を保障する（tgt.10）．

目標⑰ 国際的なパートナーシップで目標を達成しよう

　課税や徴税能力の向上のために，国内資源の動員を強化する（tgt.1）．先進国は，発展途上国に対するODAをGNI比0.7％に，後発発展途上国に対するODAをGNI比0.15-0.20％にする（tgt.2）．発展途上国のための追加的資金源を複数の財源から動員する（tgt.3）．発展途上国の債務の持続可能性の実現を支援し，重債務貧困国の債務リスクを軽減する（tgt.4）．後発発展途上国のための投資促進枠組みを導入する（tgt.5）．

3　SDGsで日本は何を目指すべきか

　SDGsは，持続可能な開発目標を目指す国際的なアジェンダである．SDGsでは，地球レベルの目標を踏まえながら，各国の状況に応じて具体的なターゲットを各国が設定することを求めている．日本は，このSDGsにどのように取り組むべきだろうか（POST2015プロジェクト 2016，『日本経済新聞』2020年5月11日）．日本の9つの課題について見ていこう．

課題① 貧困と格差社会の解消

　貧困と所得格差の解消：2018年の**相対的貧困率**（世帯所得が全世帯所得の中央値の半分未満——2018年調査で127万円未満——の人の割合）は15.4％であり（厚生労働省），OECD諸国の中でもかなり高い（OECD 2019）．多様なライフスタイルや働き方が広まる一方で，非正規雇用の増大（全雇用者の38％，2019年）は，正規雇用との

所得や社会保障の格差を広げている．貧困や所得格差の解消が求められる．

　各世代の貧困層への支援：子供の相対的貧困率が13.5％もあり，貧困世帯の子供の教育機会が奪われている．若年層の中には，経済的理由のために結婚や出産ができない人が増えている．40-64歳の中高年世代には引きこもりが約61万人もいる．親が80代で子供が50代の親子が共に生活に困窮する**8050問題**が深刻化している．子育て世帯(特に1人親世帯)に対する教育費や給食費の無償化や，各世代の貧困層に対する支援や地域連携が求められる．

課題② 食料の生産改善と安定供給

　食料生産における環境負荷の削減：農業における過剰な施肥は，水質汚染を引き起こしたり，地球温暖化の原因になる一酸化二窒素を発生させたりする．また畜産における抗生物質の飼料添加は耐性菌を増殖させる．さらに過剰な漁獲量は水産資源の持続可能性を損なう．食料生産における環境負荷を低減するために，適切な施肥・抗生物質の添加・漁獲量などの管理が求められる．

　食料の安定供給と地方再生：新型コロナウイルスの世界的感染爆発は，小麦(ロシア・ウクライナ)やコメ（ベトナム）などの輸出制限を引き起こし，日本の食料自給率38％に注意を喚起した．食料の安定的供給を確保するために，食料自給率を引き上げる．そのために，地方における農業・畜産業・漁業を支援し，地方を再生する必要がある．

課題③ 健康社会の実現

　健康長寿社会の実現：2016年の健康寿命は，男性72.1歳（平均寿命81.0歳），女性74.8歳（平均寿命87.1歳）である（厚生労働省 2019）．健康寿命の延伸は本人にとって重要であるだけではない．これによって，健康な社会が築かれ，医療や介護を必要とする人口が減少する．さらには社会保障費の支出の削減にもつながる．

　衡平で質の高い医療と福祉：2020年9月現在の65歳以上の高齢者は3617万人であり，高齢化率は28.7％である（総務省 2020b）．高齢化が進む中で，質の高い医療や介護および福祉などのサービスに対する需要が増大している．このような需要の増大に対して，多くの優れた医者・看護師・介護福祉士などを育成する必要がある．

　こころの健康と感染症の防止：日本には年間3万人前後の自殺者がいる．その原因の多くは，こころの病に関係している．新型コロナウイルスや新型イン

フルエンザなどの新たな感染症の脅威も生まれている．こころの健康や感染症に対する対策が急がれる．

課題④ 質の高い教育へのアクセス

質の高い教育へのアクセス：持続可能な社会の実現には多様な優れた人材が必要になる．すべての人が，質の高い教育に衡平にアクセスできるようにする．障害・国籍・宗教・文化などにおいて，だれも排除されないような包摂的な教育が求められる．

持続可能な開発のための教育：持続可能な社会の実現のためには，そのような社会を担っていく人材，すなわち持続可能な開発の課題について自ら考え行動できるような人材を育成する教育（ESD）が必要になる．

課題⑤ ジェンダー平等

雇用や賃金の男女格差の解消：2019年の日本の就業率は男性69.7％，女性52.2％であり，男女間に大きな就業格差がある（総務省 2020a）．正規の職員や従業員に占める女性の比率は3分の1にすぎない．男女間には賃金格差もあり，同一労働同一賃金にはなっていない．こうした男女間の雇用や賃金の格差解消が求められる．

男女間の暴力の撲滅と人権の尊重：配偶者・パートナー・恋人などの男女間の暴力が大きな社会問題になっている．その多くの犠牲者は女性であり，女性の人権が十分に守られていない．

課題⑥ 水災害への対応と健全な水循環

あらゆる水のリスクへの対応：津波・高潮・洪水・土砂災害・集中豪雨・台風など，毎年のように水に関する大災害が起きている．あらゆる水の災害に対する十分な対策が求められる．

健全な水循環の維持：森林管理が不十分なために水源地の管理や土壌の保水管理が十分にできていない地域が増加している．また都市部では，地下水の地下浸透や涵養機能の低下がみられる．健全な水循環の維持が全国的に重要になっている．

課題⑦ 資源・エネルギー利用の改善

資源・エネルギーの効率的な利用：1990年から2010年にかけてエネルギー効率の改善は，日本では0.3%程度でしかない．プラスチックごみの削減や再利用など，資源やエネルギーのリデュース（Reduce），リユース（Reuse），リサイクル（Recycle）によるいっそうの効率改善が求められる．

再生可能エネルギーの普及：再生可能エネルギーは，二酸化炭素を排出せずにエネルギー自給率を高めることができる．政府は，パリ協定の実現のために，2019年6月に長期戦略を決定した．しかし，石炭火力への依存度が依然として高い．太陽光・風力・地熱・小水力など地域の再生可能エネルギーを利用した「エネルギーの地産地消」が求められる．

課題⑧ 生物多様性の維持

国際自然保護連合（IUCN）は，絶滅の恐れのある種を絶滅危惧種としてレッドリストにあげている．日本でも生物多様性の損失がすべての生態系に及んでいる．特に，陸水生態系，沿岸・海洋生態系，島嶼生態系において生物多様性の損失が大きい（環境省 2010）．生物多様性の維持のための具体的な対策が求められる．

課題⑨ 市民参加のガバナンスの構築

日本政府は，2016年5月に「SDGs推進本部」を設置し，「SDGs実施指針」を決定した．2019年12月には，実施指針を改定し（SDGs推進本部 2019a），「SDGsアクションプラン2020」（SDGs推進本部 2019b）を決定した．しかし，このアクションプランは，「ビジネスとイノベーション」を日本型SDGモデルの3本柱の最初に置いており，成長・効率志向である．SDGsそれ自体を目的として取り組むと言うよりは，成長戦略の手段になっている．SDGsの包括的な達成に向け，市民が積極的に参加できるガバナンスの構築が求められる．

いっそうの議論のために

問題1　SDGsの17の目標はなぜ提起されたのか？　それぞれの目標が国連で提起された現実的な背景を説明しなさい．

問題2　2030年までに17の目標を達成するためにはどのような政策がそれぞれの目標に必要か．そのような政策を実施する際に予想される課題は何か．

問題3　日本ができるSDGsの目標⑰グローバル・パートナーシップ（国際貢献）について，資金・技術・能力構築・貿易という点から検討しなさい．

💡 議論のためのヒント

ヒント1　SDGs目標①で「貧困をなくすこと」が提起されている．その背景には，国際社会には深刻な貧困問題が存在している．世界や日本には，どのような貧困問題があるかを考えてみよう．同様に，他の目標についても国際社会にどのような問題があるかを具体的に探ってみよう．

ヒント2　例えば，SDGs目標⑬の気候変動への対処には二酸化炭素の排出量を削減しなければならない．国際社会は，二酸化炭素排出削減のために2015年にパリ協定を締結したが，米国はこのパリ協定から一方的に離脱した．どのようにしたら米国のような行動を排除できるだろうか．他の目標についても考えてみよう．

ヒント3　日本ができる国際貢献として，資金についてはODAの増額や責任投資原則（PRI）に基づく投資の活用がある．技術については環境保全型あるいは省資源型技術を開発することである．また，発展途上国の能力構築を支援したり，発展途上国に有利なフェアトレードを推進したりすることも求められる．

第2章 貧　　困
——農村の所得貧困——

農村の飲料水

────────── この章で学ぶこと ──────────

　本章では，SDGsの貧困，カンボジアの貧困，カンボジア農村の貧困分析について学ぶ．

　第1に，SDGsの貧困では，貧困の定義——貧困とは潜在能力を剥奪された状態——，所得貧困アプローチ，貧困の要因分析，農村の貧困問題，SDGsの目標とターゲットについて検討する．

　第2に，カンボジアの貧困では，カンボジア政府が行ったカンボジア・ミレニアム開発目標（CMDGs）やカンボジア持続可能な開発目標（CSDGs）の取り組みや，カンボジアの貧困線・貧困率・貧困削減について見る．

　第3に，カンボジア農村の貧困分析では，以下の点を明らかにする．
① 農村の家計所得は，農業所得の中の非作物生産所得（家畜・家禽）に依存している．これらの家計所得への効果は，牛・豚・鶏の飼育数の順で大きい．
② 農村の家計所得は，非農業所得（出稼ぎの仕送り）にも依存している．家計構成員数が多いほど，出稼ぎの仕送り金額は多く，家計所得への効果も大きくなる．

Keywords

貧困　潜在能力　開発　自由　人間開発指標　所得貧困アプローチ　貧困線
貧困人口比率　貧困ギャップ比率　家計1人当たり所得　人的資本　物的資本　知的資本　労働集約的技術　資本集約的技術　資本労働比率　技術水準
農村の貧困問題　農業所得　非農業所得　作物生産所得　非作物生産所得
出稼ぎの仕送り　カンボジア持続可能な開発目標（CSDGs）

1　SDGsの貧困

1.1　貧困とは何か

貧困の定義：『世界開発報告 2000/01──貧困との闘い──』（World Bank 2001）によれば，貧困とは，所得や消費の低さだけではなく，栄養・健康・教育・その他人間開発の諸側面における達成度合いが低い状態をいう．この貧困の定義は，貧困を単に所得や消費だけではなく，人々の栄養・健康・教育など貧困を広く定義している．このような貧困の定義には，1998年にノーベル経済学賞を受賞したアマルティア・センの影響が大きい．

センは，貧困を**潜在能力**（capability）の絶対的剥奪として定義した（Sen 1981, 1993a, 1993b, 1999）．ここで，潜在能力とは，人間が達成可能なさまざまな機能（functioning）の集まりである．人々の厚生水準／福祉を測る指標として，財やサービスを用いるのは適切ではない．むしろ重要なのは，財やサービスの消費（間接的指標）によってどのような状態や行動が可能になるかという機能（直接的指標）である．このような機能の集まりが潜在能力であり，その絶対的剥奪が貧困である．

貧困削減とは，人々の潜在能力を高めていくことであり，**開発**（development）とは，人々の潜在能力を高め，自由を増大させることである（Sen 1988, 1999）．ここでの**自由**は，本質的な自由であり，飢餓・栄養失調・疾病などを回避する能力，識字能力や計算能力，政治参加，言論表現などに関わっている．

こうした潜在能力の向上や自由の拡大には，次のような道具（手段）としての自由が重要な役割を果たす．① 政治的自由：だれがどのように統治するかを決める自由．② 経済的自由／便宜：経済資源を利用する自由．③ 社会的自由／機会：教育や医療を享受する自由．④ 透明性の保証：情報公開と透明性のもとでの取引の自由．⑤ 保護の保障：飢餓・困窮や暴力・迫害から保護される自由．

貧困の指標：所得（支出）は，福祉を実現するための間接的な指標である．貧困の直接的な指標は，本質的で重要な機能の欠如，すなわち栄養・健康・教育・仕事などの不足や差別的待遇などであり，貧困は多様な側面を持っている．センの潜在能力アプローチをもとに作成されたのが**人間開発指標**（Human Development Index：HDI）である．この指標は，① 平均寿命（保健），② 教育水

準（成人識字率・就学率），③１人当たり実質所得からなり，国連開発計画（UNDP）
から『人間開発指標』として毎年発表されている．

1.2 所得貧困アプローチ

貧困は上のように多面的な側面を持っており，所得はその一面でしかない
（World Bank 2018）．しかし，貧困の計測には所得を用いて行われる場合が多い．
これを**所得貧困アプローチ**と呼ぶ．その理由は以下の点にある（黒崎 2009：22-
23）．第１に，発展途上国では低所得と所得以外の剥奪（自由の欠如）とが密接
に関係している．所得は，多面的な貧困の代理変数として使うことができる．
第２に，所得や消費は，国際比較可能なデータを広範に収集することができる．
第３に，ミクロ経済学的な根拠に基づいて効用水準の大きさを測ることができ
る．ただしセンは，効用水準によって貧困を計測することには同意していない
（Sen 1999：邦訳62）．

貧困線：所得を基準とした貧困指標に貧困線がある（Ravallion 2016：邦訳305-
322）．１人当たり所得（支出）がある水準（貧困線）未満の場合に貧困と呼ぶ．
貧困線は，最低限必要とされる生活必須物質を基準に，それを得るために必要
な所得を推測することによって求められる．今日では，国際貧困線を2011年の
購買力平価に基づき１人１日1.9ドル（2015年10月改定，世界銀行）とされ，この水
準未満の所得の人々を貧困層と呼ぶ．総人口に占める貧困人口の比率（＝貧困
人口／総人口）が**貧困人口比率**である．SDGsの目標は，2030年までに極度な貧
困を撲滅し，貧困状態にある人の割合を半減させることである．

貧困ギャップ比率：貧困の深さを測る指標に貧困ギャップ比率がある．貧困
者iの所得y_iと貧困線y^*のギャップを貧困ギャップ（y^*-y_i）と呼ぶ．所得が低
い貧困者ほどこの貧困ギャップは大きくなる．貧困者iの貧困ギャップ比率は，
その貧困ギャップ（y^*-y_i）と貧困線y^*との比率（＝$(y^*-y_i)/y^*$）である．この
貧困ギャップ比率をすべての貧困層（$i=1$, n）について集計し，平均値を求め
たのが全体の貧困ギャップ比率である．この貧困ギャップ比率が大きいほど，
貧困層の所得が少なく，貧困が深くなる．

家計１人当たり所得：家計所得から１人当たり所得を導こう．以下のように，
家計所得は労働所得と資産所得から構成される．

　　家計所得＝労働所得＋資産所得

　　　　　＝家計内労働者数×労働報酬＋資産所得　　　　　　……①

　労働所得は，家計内の労働者数に 1 人当たりの労働報酬（賃金）をかけたものである．①式を家計人数で割ると，家計 1 人当たり所得が次の②式ように得られる．

　　家計 1 人当たり所得

　　　＝家計内労働者比率×労働報酬＋ 1 人当たり資産所得　　　　……②

　②式から，家計 1 人当たり所得は，家計内労働者比率，労働報酬， 1 人当たり資産所得に依存することが分かる．資産所得は資産に対する報酬であるが，貧困層の場合には保有する資産は少ない．ここで，家計 1 人当たりという計測単位は，大家族も小家族も，また大人も子供も同等に扱うという点に注意が必要である（Sen 1981：邦訳43-45）．

　家計 1 人当たり所得（支出）という指標には以下のような問題もある（黒崎・山形 2003：16-23）．第 1 に，市場取引（市場価格）を介さない財・サービスを排除している．自家消費される財（野菜や鶏卵など）やサービス（家事労働）には市場価格が存在しない．第 2 に，家計 1 人当たり所得（支出）は消費の可能性を表すが，その可能性が十分に実現されるとは限らない．例えば，女性差別があると，所得があっても女性は教育を受けられない．第 3 に，家計 1 人当たり所得は，所得分配については何ら情報を提供しない．所得分配が不平等な社会では，家計 1 人当たり所得が多くても，貧困層が多い場合がある．

1.3　貧困の要因分析

　家計 1 人当たり所得には問題点もあるが，データとしての扱いやすさもある．以下では，②式の家計 1 人当たり所得について，家計内労働者比率と労働報酬を中心に見ていこう．

　家計内労働者比率：家計内労働者比率が低いと，家計 1 人当たり所得が低くなる．家計内労働者比率が低いのは，子供や高齢者が多い家計である．家計内労働者比率のデータを入手するのは難しいので，代理変数として就業労働者比率あるいは15-64歳の生産年齢人口比率を用いる場合が多い．発展途上国では

2017.9.7 撮影　　　　　　　　　　　　　　　　　　　　　　　　　2017.9.7 撮影

写真 2−1　　調査村落

子供の人数が多く，生産年齢人口は低くなる傾向がある．カンボジアの生産年齢人口比率は64.2%（2018年）で日本とほぼ同じである．

　労働報酬：労働報酬が低いと，家計1人当たり所得が低くなる．労働報酬には，① 労働者の質（人的資本），② 利用可能な機械や土地（物的資本），③ 技術水準（知的資本）などが影響する．発展途上国ではこれらの資本は多方面で不足している（Sachs 2005）．

　第1に，**人的資本**が少ないと，労働報酬が低くなる．人的資本（労働者の質）は知的能力や健康状態に影響を受ける．知的能力は学校教育や親の教育歴によって影響を受け，健康状態は栄養摂取に影響を受ける．学校教育を十分に受けた労働者は職場での技能習熟が早く，職業訓練の効果も大きい．教育を受けた親は教育の意義を理解し，子供の教育にも熱心になる．人的資本は，教育によって世代を超えて蓄積される傾向がある（Barro and Sala-i-Martin 1995, Romer 1990）．

　第2に，**物的資本**の不足は，労働生産性を低下させ，労働報酬を低下させる．物的資本の構成は経済発展の段階によって異なる．労働力が豊富な段階では，**労働集約的技術**が効率的である．経済発展と共に**資本集約的技術**が用いられ，**資本労働比率**（労働1単位当たりの資本量）が上昇すると，労働生産性も上昇する．民間企業が物的資本に投資を活発に行うためには，道路・鉄道・港湾・電力・水道などのインフラの整備が必要になる．

　第3に，労働報酬は産業の**知的資本**によって異なるので，平均的な労働報酬は産業構造によって影響を受ける．知的資本（技術水準）の高い産業の生産比率が高いと，平均的な労働報酬が高くなる．先端的なサービス産業（IT関連）

の労働報酬は高く，農林水産業や伝統的な小売・サービス産業（散髪・露天商）の労働報酬は低い．

1.4　農村の貧困問題

　所得貧困アプローチによって農村の貧困問題，特に農村の貧困の原因と貧困削減について検討しよう．

　農家1人当たり所得：②式を書き換えると，農家1人当たり所得が次の③式ように得られる．

　　農家1人当たり所得
　　　＝家計内労働者比率×（農業所得＋非農業所得）＋1人当たり資産所得
　　　　　　　　　　　　　　　　　　　　　　　　　　　　　　　……③

　③式から，農家1人当たり所得は，**農業所得**と**非農業所得**に依存することが分かる．農家は，農地規模によって，土地なし農業労働者，零細小農民（小作・自作），大農の3つのタイプに分けられる．農村の貧困層はこの内，土地なし農業労働者と零細小農民である．土地なし農業労働者は，農村において最も貧困な層であり，彼らは田植・除草・収穫などの単純で不安定な季節労働に従事する．農業所得が少ないので，彼らは非農業所得に依存する．零細小農民も同様に，少ない農業所得のために非農業所得に依存することになる．

　農村の貧困の原因：農村の貧困層は，土地なし農業労働者か零細小農民である．土地なし農業労働者は，農業労働者として農業所得を得るか，非農業部門

2016.9.3 撮影　　　　　　　　　　　　　　　　　2017.9.8 撮影

写真2-2　農村の露天商とバイク修理

での非農業所得（露天商や出稼ぎなど）に依存する．零細小農民は，自給的農業の余剰部分を販売して農業所得を得るか，農業労働者として働くか，あるいは非農業所得に依存することになる．

　彼らの貧困の原因は，① 土地が無いか狭いこと，② 人的資本の不足，③ 非農業部門の就業機会が少ないことなどである．貧困層の多くは，土地が無かったり狭かったりするために資産所得が少なく，農業所得も少ない．また彼らは，少ない農業所得を補うために非農業所得を得ようとしても，教育水準が低いために人的資本が少なく，労働報酬の高い仕事を得ることが難しい．さらに農村地域には，商業や製造業のような非農業部門の就業機会も少ない．

　農村の貧困削減：農村地域の貧困削減には農家の所得を増大する必要がある．農家の所得は上のように農業所得と非農業所得からなる．ある程度の土地を持った農家の場合には，農業所得への依存が大きいので，その貧困削減には農業所得を増大させる必要がある．農業所得の増大のためには，耕地の灌漑を行い，肥料を投入し，高収量品種を栽培し収量を増大する必要がある．

　土地なし農業労働者や零細小農民は，農業所得が少なく，非農業所得への依存が大きくなる．貧困削減のためには非農業所得の増大が必要になる．この際に重要なのは，学校教育であり，人的資本の形成である．人的資本を十分に形成できれば，都市への移住や出稼ぎにおいて雇用機会が増し，その所得を農村へ仕送りすることができる．また農村に非農業部門を誘致しそれを育成できれば，農村での雇用機会も増える．

　センは，日本の経済発展に識字能力（社会的な自由）が果たした役割について注目している（Sen 1999：邦訳44）．日本では明治維新の時期に識字率が，工業化

2018.9.3撮影　　　　　　　　　　　　　　　　　　　2017.9.7撮影

写真2-3　農村の家屋と調理場

が何十年も先行していた欧州諸国を上回っていた．日本全国が貧困状態にある時期に，政府は人的資本の開発に優先的に投資し，その後の日本の経済発展の基礎を形成した．しかし残念ながら，貧困から抜け出す成長の万能薬は見つかっていない（Banerjee and Duflo 2019：邦訳270）．

1.5　SDGsの目標とターゲット

SDGsの貧困削減と飢餓撲滅・栄養改善・持続可能な農業に関する目標を確認しよう．

目標① あらゆる貧困をなくそう

この目標の2030年までのターゲットは以下の通りである．1日1.9ドル未満で生活する極度の貧困を終わらせる（tgt.1）．貧困状態にあるすべての人の割合を半減させる（tgt.2）．社会保護の制度や対策によって貧困層や脆弱層に対し十分な保護を行う（tgt.3）．すべての人が，相続財産・天然資源・新技術・金融サービスおよび経済資源などに平等な権利を持てるようにする（tgt.4）．貧困層や脆弱層の強靱性を構築し，多様なショックや災害への脆弱性を軽減する（tgt.5）．

この目標達成のために次のような開発支援を行う．発展途上国に対する開発協力を強化し，多様な資源を動員する（tgt.1.a）．国・地域・国際レベルで，貧困層やジェンダーに配慮した開発戦略に基づき，適正な政策的枠組みを構築する（tgt.1.b）．

目標② 飢餓の撲滅，栄養の改善，持続可能な農業を促進しよう

この目標の2030年までのターゲットは以下の通りである．飢餓を撲滅し，特に貧困層や脆弱層が十分な栄養を得られるようにする（tgt.1）．5歳未満児の発育障害や消耗性疾患について，国際合意を2025年までに達成する．2030年までにあらゆる形態の栄養不良を解消し，栄養改善を実現する（tgt.2）．小規模な食料生産者の農業生産性や所得を倍増させる（tgt.3）．持続可能な食料生産システムを構築する（tgt.4）．2020年までに，動物や植物の遺伝的多様性を維持し，遺伝資源から生じる利益の公正な分配を促進する（tgt.5）．

この目標達成のために次のような開発支援を行う．発展途上国における農業生産能力の向上のために投資を拡大する（tgt.2.a）．世界の農産物市場における

貿易制限や歪みを是正する（tgt. 2 .b）．食料市場の情報へのアクセスを容易にする（tgt. 2 .c）．

2　カンボジアの貧困

2.1　カンボジア持続可能な開発目標

2001年にカンボジア政府は，MDGsを受けてカンボジア・ミレニアム開発目標（CMDGs）を作成し，目標①に「貧困と飢餓の撲滅」を掲げた（Royal Government of Cambodia 2003a）．そのターゲットは，カンボジア政府が定めた国家貧困線以下で生活する人口の割合を半分の19.5％に削減することである．貧困率は，2004年の53.3％から2014年には13.5％にまで低下し，CMDGsの目標は達成された．

2018年にカンボジア政府が作成した**カンボジア持続可能な開発目標**（CSDGs）の貧困削減と飢餓撲滅・栄養改善・持続可能な農業に関する目標とターゲットは以下の通りである（Royal Government of Cambodia 2018a, 2019a）．

目標① あらゆる貧困をなくそう

2030年までのターゲットは以下の通りである．貧困状態にあるすべての年齢の男性・女性・子供の割合を半減させる（tgt. 2 ）．すべての人に適切な社会的な保護を実施し，貧困層や脆弱層に対し十分な保護を行う（tgt. 3 ）．すべての男性と女性が，相続財産・天然資源・新技術・金融サービスおよび経済資源などについて平等な権利を持てるようにする（tgt. 4 ）．

目標② 飢餓の撲滅・栄養の改善・持続可能な農業を促進しよう

2030年までのターゲットは以下の通りである．あらゆる形態の栄養不良を解消する．2025年までに，5歳未満児の発育阻害や消耗性疾患について国際合意を達成する．若年女子・妊婦／授乳婦および高齢者の栄養改善を実現する（tgt. 2 ）．小規模な食料生産者の農業生産性や所得を倍増させる（tgt. 3 ）．持続可能な食料生産システムを構築し，強靭な農業を実現する（tgt. 4 ）．2020年までに，動物や植物の遺伝的多様性を維持し，遺伝資源から生じる利益の公正な分配を促進する（tgt. 5 ）．そのために次のような開発政策を実施する．農業の生産能力向上のために，農村インフラ，農業の研究・普及サービス，技術開発，

植物・家畜のジーン・バンク（遺伝資源の貯蔵）などへの投資の拡大を図る（tgt. 2 .a）.

2.2 カンボジアの貧困の現状

貧困線と貧困率：所得貧困とは，貧困線を満たすだけの所得がない状態をいう．2013年にカンボジア政府が改訂した国家貧困線は，1人が1日に必要最低限のエネルギーとして2200キロカロリーの食料を確保するのに必要な金額（食料貧困線）に，生活上必要な食料以外の住居・飲料水などへの支出額（非食料貧困線）を加えて定義される（ADB 2014：4）．貧困線は，地域ごとの生活環境を考慮して定められ，プノンペン・その他都市・農村で異なる．貧困率は，都市・農村ごとの貧困線以下の人口を各地域の人口で割ることによって求められる．**表2-1**は，2009年の地域別の貧困線と貧困率を表す．2018年の貧困率は12.2％である（ADB 2019a）.

貧困削減：貧困線未満で生活するカンボジア全体の人口割合は，2007年の47.7％から2012年には18.9％にまで低下し（ADB 2014），MDGsの目標（19.5％以下）は達成した．しかし，所得が貧困線を上回ったとしても，貧困層の脆弱性が指摘されている．2011年の国家貧困線以下の貧困率は，プノンペンで10.9％，その他都市で22.5％，農村では20.7％，カンボジア全体では19.8％である．しかし，所得が1日2ドル（2009年購買力平価）以下の人口はカンボジア全体の49.6％であり，3ドル以下の人口は74.9％にも達している．これらの人々は，国家貧困線を上回っていたとしても経済的ショックに対して脆弱である．何らかの所得減少があると，彼らは貧困線以下に容易に転落する可能性がある．

貧困の地域格差：**図2-1**は地域別の貧困率の推移を表す（ADB 2014）．カンボジア全体の貧困率は低下傾向にあるが，貧困率には地域格差がある．

農村の貧困率は，なお都市を上回っているが，2007年の53.2％から2012年の

表2-1　カンボジアの地域別貧困線と貧困率（2009年）

	1人1日当たり貧困線（リエル）	1人1日当たり貧困線（＄）	1人1月当たり貧困線（＄）	貧困率（％）
プノンペン	6,347	1.53	46.55	12.8
その他都市	4,352	1.05	31.92	19.3
農村	3,503	0.84	25.69	24.6
全国	3,871	0.93	28.39	22.9

出所）ADB（2014）．2009年の平均為替レートは＄1＝4183リエル．

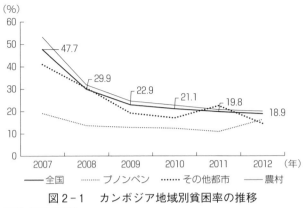

図2−1　カンボジア地域別貧困率の推移

出所）ADB（2014）.

20.0％へ低下傾向にある．また貧困率の地域格差も，2007年には農村53.2％とプノンペン19.1％から，2012年には農村20.0％とプノンペン16.3％へと縮小する傾向がある．

　こうした状況で，都市の貧困率の低下が停滞している．2011年に10.9％まで低下したプノンペンの貧困率が，2012年に16.3％に上昇している．この年のプノンペンの貧困率は他の都市の貧困率14.5％よりも高い．経済成長によるプノンペンへの人口集中と共に，貧困層が増大している．

3　カンボジア農村の貧困調査

3.1　カンボジア農村の先行研究

　カンボジア農村の家計所得に関連する先行研究について検討しよう．農村の家計所得は，農業所得と非農業所得に分けられる．農業所得は，作物生産所得（コメ・野菜など）と非作物生産所得（家畜・家禽・水産物・林産物など）からなり，非農業所得は，自営業所得（商業・小売り）と賃金所得および出稼ぎの仕送りなどからなる．

　カンボジア農村の家計所得の多様化について，矢倉（2008）は，稲作のような土地や自然条件に制約される農業所得だけではなく，そのような自然条件に制約されない所得向上の方法として，家畜・家禽の飼育による非作物生産所得

や，出稼ぎの仕送りや非農業自営による非農業所得について検討している．以下では特に，農村の貧困家計にとって参入しやすい家畜・家禽の飼育と出稼ぎについて見てみよう．

1）家畜・家禽の飼育——非作物生産所得——

　家畜・家禽の飼育が農村の家計所得に及ぼす役割について，矢倉（2008）は所得多様化という点から検討し，櫻井・サバドゴ（2007）とMatsumoto *et al.*（2006）はリスク対応機能という点から検討している．

　カンボジア農村における所得向上の方法として，矢倉（2008）は，家畜（牛・豚）や家禽（鶏・アヒル）の飼育による非作物生産所得の可能性について検討している．牛の飼育は，病気・死亡のリスクは低いが，養豚や養鶏に比べ初期投資が大きい．そのため，貧困農家には牛の飼育は難しい．養豚は，病気・死亡のリスクが高く，豚の飼育頭数の増大は，必ずしも養豚所得の増大につながらない．また養豚は餌の米糠確保のために——米糠の確保は稲作の土地規模に制約される——，土地面積の狭い貧困家計には不利である．

　養鶏は農家の副業として，鶏卵よりも鶏肉生産のために行われる．鶏は豚以上に病気・死亡リスクが高く，飼育規模も小さいので，養鶏による所得増大は限られている．アヒルの飼育は採卵目的で，アヒルの病気・死亡リスクも高く，その所得効果は大きくはない．鶏は放し飼いが多く，貧困農家には取り組みやすい．アヒルの飼育は，小屋が必要になり，また飼育規模も大きいので，鶏よりも必要経費が大きくなる．アヒルは，鶏とは異なり群れをなして行動する習性があるので，大量飼育ができる．

2018.9.9 撮影

2018.9.9 撮影

写真2-4　農家の家畜

　カンボジア全土の家計調査によると，カンボジア農村では，農業所得の中の非作物生産所得——家畜所得——が減少している．農村家計の所得構成は，2004年には農業所得が34％（作物生産所得11％，非作物生産所得23％——この内家畜所得11％——），非農業所得が66％であった．2012年には農業所得は21％（作物生産所得13％，非作物生産所得8％——この内家畜所得3％——）に低下し，非農業所得が79％に上昇している（Kimsun *et al.* 2013）．

　櫻井・サバドゴ（2007）は，家畜資産保有のリスク対応機能について検討している．ブルキナ・ファソの事例をもとに，出稼ぎ者からの仕送り削減が農村家計の消費行動に及ぼす影響を分析している．彼らによれば，仕送り削減の消費支出への影響は，家畜資産の多い家計ほど小さい．また彼らは，「家計が貧困線以下に落ち込む確率」を脆弱性と定義し，出稼ぎの仕送り削減の脆弱性への影響を分析している．家畜資産の保有は，家計の脆弱性を低下させ，貧困に陥る可能性を低下させる．

　この家畜資産保有のリスク対応機能について，Matsumoto *et al.*（2006）は，ウガンダの事例をもとに検討している．農業生産ショックが起きた場合に，家畜資産売却が農村家計に果たす役割について分析している．彼らは，貧困家計に比べ非貧困家計ほど，家畜資産の保有や売却への依存が高いとしている．彼らの調査村では，家計の家畜資産の保有は農業生産ショックへの対応手段として有効に機能している．

2）出稼ぎ——非農業所得——

　カンボジアの出稼ぎの仕送りが農村の家計所得に及ぼす影響について，矢倉（2006, 2008）は家計所得の向上という点から，Luch（2012）と福井・三輪（2014）はリスク対応機能という点から検討している．

　プノンペン南東のタケオ州の1村119家計（矢倉 2006）と2村253家計（矢倉 2008）に対する聞き取り調査によって，矢倉は，農村の出稼ぎ——プノンペンでの縫製労働や建設労働——が家計の所得向上に果たす役割について分析している．この分析で以下の点が明らかにされている．第1に，出稼ぎの仕送りは，農村家計の所得増大に貢献している．第2に，家計の資産規模が大きいほど，家族労働の生産性が高く，留保賃金が高いので，出稼ぎ者の賃金が高くなる．第3に，余剰労働力が多い村落で，職探し費用が低い——親類・縁者・友人などの社会的ネットワークが存在する——村落ほど，出稼ぎ者が多い．

　出稼ぎの仕送りが農村家計のリスク対応に果たす役割については，Luch
（2012）がCambodia Socio-Economic Survey 2009のデータを用いて検討してい
る．カンボジア農村において出稼ぎの仕送りが，外生的ショック——家計構成
員の疾病や自然災害による食物被害など——による家計の一時的な所得減少に
及ぼす影響について検討した．その結果，外生的ショックによる一時的な所得
減少に対して，出稼ぎ者からの仕送りは所得減少の約40％を補填しており，恒
常所得が大きい家計ほど仕送り金額が多いとしている．

　福井・三輪（2014）は，出稼ぎの仕送りのリスク対応機能について，カンボ
ジアのコンポンスプー州とタケオ州の４村162家計のデータを用いて検討して
いる．その分析結果によれば，出稼ぎの仕送りは外生的ショックに直面した農
村家計の損害を緩和している．家計構成員の中で出稼ぎ者数が増加すると，仕
送り（贈与）によるリスク対応がより多くなり，融資によるリスク対応が少な
くなる．

3.2　調査概要とデータ

　調査地は，シェムリアップ州チクレン郡（Chi Kraeng District）の６村落である．
データは，日本国際ボランティアセンター（JVC）が実施した調査を基礎にし
ている．JVCは2015年６月に，６村落179家計に対してFood Security Survey
を実施した．以下の分析は，2016年２月と９月の調査によって筆者が得た資料
を補足的に用いて行った．

　表２-２は，６村落179家計（家計構成員総数914人）の家計１人当たり所得（2014/15

表２-２　家計の１人当たり平均所得

(単位：リエル／１日)

	観測数	平均値	標準偏差	最大値	最小値	家計構成員数	貧困率（％）
OL村	14	2,561	2,136	6,712	75	72	72
CH村	53	2,279	2,687	14,260	0	264	80
DS村	23	2,879	2,053	7,616	98	110	69
KS村	44	4,267	4,487	18,393	31	230	65
TV村	12	3,271	2,794	8,082	26	82	60
RO村	33	2,919	2,163	8,527	0	156	76
全村	179	3,051	3,153	18,393	0	914	72

出所）JVC（2015）.

年）を表す．家計1人当たり所得の平均値は3051リエル／日である．カンボジア農村の国家貧困線が1人1日3503リエルであるので，この地域は，家計1人当たり所得の平均値が貧困線を下回り，貧困地域であることが分かる．貧困線以下の家計構成員数（657人）から，貧困率を計算すると72％になる．

　家計1人当たり所得には村落間格差と共に村落内格差がある．村落間格差については，家計1人当たり所得の平均値が最も低いCH村（貧困率80％）が2279リエルに対して，最も高いKS村（貧困率65％）は4267リエルであり，その差は約1.7倍である．各村落内の家計1人当たり所得の標準偏差も大きく，村落の中にも所得格差があることが分かる．家計1人当たり所得が高いKS村では，最小値31リエルに対して，最大値は1万8393リエルであり，約594倍である．

　表2-3は，各村落の家計の所得源の平均値を表す．家計所得は農業所得と非農業所得（出稼ぎの仕送り）に分けられ，農業所得はさらに作物生産所得と非作物生産所得（畜産所得）に分けられる．作物生産所得源は米生産量，家畜所得源は牛・豚・アヒル・鶏の飼育数で示す．

　米の年平均生産量は，全村平均が2402kg／年である．家計1人当たり所得の最も低いCH村は1996kg／年と米の平均生産量も最も少ない．これに対して，家計1人当たり所得の最も高いKS村は2976kg／年と米の平均生産量も最も多

表2-3　村落の家計の所得源（平均値）

	観測数	米生産	牛	豚	アヒル	鶏	出稼ぎ
OL村	14	2,014 (1,469)	2.4 (1.450)	1.4 (2.4)	0.6 (2.4)	9.4 (11.3)	231.3 (392.8)
CH村	53	1,996 (1,500)	1.6 (2.692)	1.1 (1.9)	1.7 (3.3)	12.0 (11.8)	132.3 (285.0)
DS村	23	2,204 (1,653)	3.2 (4.924)	0.5 (1.3)	14.0 (64.6)	13.2 (20.4)	202.0 (310.1)
KS村	44	2,976 (2,301)	3.2 (2.402)	3.5 (5.8)	1 (2.5)	17 (13.2)	93.1 (222.4)
TV村	12	2,530 (1,830)	2.8 (1.675)	0 (0)	1.1 (2.5)	13 (8.0)	176.3 (319.4)
RO村	33	2,544 (3,433)	1.9 (1.564)	1.0 (2.9)	0.9 (2.5)	10 (9.8)	173.1 (227.6)
全村	179	2,402 (2,210)	2.4 (2.782)	1.6 (3.562)	2.9 (23.179)	12.9 (13.044)	149.9 (275.6)

注）米生産の単位はkg／年，出稼ぎの単位は万リエル．括弧内は標準偏差を表す．

い. 米生産量の多い村落は, 灌漑条件が比較的恵まれている. KS村には大きなため池がある. 平均生産量が少ないOL村とDS村は, 国道6号線の南側に位置しており農業用水の確保が難しい. RO村は小さな川沿いにあり, 農業用水の確保が容易である.

牛の飼育数は, 全村平均が2.4頭である. 家計1人当たり所得の低いCH村は1.6頭と最も少なく, 家計1人当たり所得の高いKS村は3.2頭でありDS村と共に最も多い. 豚の飼育数は, 全村平均が1.6頭である. KS村は3.5頭と豚の飼育数も最も多いが, 同様に家計の1人当たり所得が高いTV村では豚は飼育されていない.

家禽類については, アヒルの飼育は, 全村平均が2.9羽で, DS村の平均14羽が最も多い. 鶏の飼育は, 全村平均が12.9羽で, KS村の平均17羽が最も多い. 家禽類は小屋で飼育する農家は少なく, どの調査村でも多くの農家が鶏やアヒルを放し飼いしている.

出稼ぎの仕送りの全村平均は149.9万リエルである. 出稼ぎの仕送りの最大はOL村の平均231.3万リエル, 最小はKS村の93.1万リエルである. KS村は1人当たり所得が最も高いが, 出稼ぎの仕送りは最も低い. 出稼ぎの仕送り以外の所得源にKS村が依存していることが分かる. 出稼ぎ先は, どの村落も国内は州都のシェムリアップ市が多く, 海外ではタイが多い. その他では, 国内ではプノンペンが多く, 海外ではマレーシアやロシアへの出稼ぎの例もある.

表2-4は変数の基本統計量を表す. これをもとに, ①家計の特性, ②家計の所得源, ③村落の特性を確認しよう. 家計構成員数の平均は5.1人, 子供の人数の平均は2.1人である. ため池の保有は, 灌漑施設の代理変数であり, ため池がある家計は全体の43%である. 調理用燃料は, 炭が24%, 薪のみの家計が76%を占める. 薪は, 自宅周辺の樹木の伐採や購入によって調達される. 薪の購入価格は1棚25USDで半年くらい利用できる.

家畜資産(牛飼育)は家計資産の代理変数であり, 牛飼育数は平均2.4頭, 最大は21頭である. 牛は農家にとって, 運搬・農耕の手段であるが, 貯蓄の手段でもある. 年度内に頻繁に売買されることはなく, 冠婚葬祭や農作物の不作などで現金が必要な場合に牛を売って現金化される. 牛1頭は500-1000USDである. ただし冠婚葬祭は, 村落の相互扶助によって現金や人手が調達される場合が多い.

家計の所得源については, 表2-3で見た通りである. 米の平均生産量は

表 2 - 4　基本統計量

変数	観測数	平均	標準偏差	最小値	最大値
家計の 1 人当たり所得	179	3,051	3,153	0	18,393
家計構成員数	178	5.1	1.9	1	11
子供の人数	178	2.1	1.4	0	7
ため池保有数	179	0.43	0.5	0	1
燃料（炭）	179	0.24	0.4	0	1
家畜資産（牛飼育数）	177	2.4	2.8	0	21
米生産量	179	2,402	2,216	0	20,000
豚飼育数	179	1.6	3.6	0	22
アヒル飼育数	179	2.9	23.2	0	310
鶏飼育数	179	12.9	13.1	0	75
出稼ぎの仕送り	179	149.9	276.3	0	1440
OL村	179	0.08	0.27	0	1
CH村	179	0.30	0.46	0	1
DS村	179	0.19	0.34	0	1
KS村	179	0.25	0.43	0	1
TV村	179	0.07	0.25	0	1
RO村	179	0.18	0.39	0	1

注）家計の 1 人当たり所得の単位はリエル／日．出稼ぎの仕送りの単位は 1 万リエル／年．

2402kgであるが，まったく生産がない家計から 2 万kgの大規模生産の家計まである．豚の飼育は，子豚を肥育し成豚を販売するために行われる．豚の平均飼育数は1.6頭で，最小は 0 で最大は22頭である．アヒルの飼育は採卵が目的であり，平均飼育数は2.9羽で，最小は 0 で最大は310羽である．これに対して鶏の飼育は，雛鶏を肥育し成鶏（食肉用）を販売するためである．鶏の平均飼育数は12.9羽で，最小は 0 で最大は75羽である．出稼ぎの仕送りは，平均が149.9万リエルで，最小は 0 で最大は1440万リエルである．

　以上をまとめると，家計 1 人当たり所得の多い村落は，米生産量や家畜・家禽類の飼育数が多い．家計 1 人当たり所得が最も多いKS村は，米生産量や牛・豚・鶏の平均飼育数が全村の中で最も多い．ただし，KS村の出稼ぎの仕送りは全村の中で最も少ない．家計 1 人当たり所得が最も低いCH村は，米生産量と牛飼育数も最も少なく，豚・アヒル・鶏の飼育数や出稼ぎ所得も全村の平均以下である．

4　カンボジア農村の貧困分析

4.1　仮説とモデル

　カンボジア農村の家計所得に影響を及ぼす要因は，先行研究や記述統計の結果から，作物生産所得（米），非作物生産所得（家畜・家禽），非農業所得（出稼ぎの仕送り）などである．以下では次のような仮説を検証しよう．

　第1に，カンボジア農村の家計1人当たり所得は，非作物生産所得（家畜・家禽）に依存している．すなわち，家畜や家禽類の飼育数が多いほど家計1人当たり所得が多く，その飼育数が少ないほど家計1人当たり所得は少ない．この仮説の検証によって，家計1人当たり所得が高いKS村と低いCH村の相違が，家畜や家禽類の飼育数の相違によって説明される．第2に，農村の家計1人当たり所得は，非農業所得（出稼ぎの仕送り）に依存している．出稼ぎの仕送りが多いほど，家計1人当たり所得は多くなる．この仮説は先行研究の結果を検証するものである．

　農村家計の所得関数を以下のように想定する．被説明変数は家計1人当たり所得である．説明変数は，①家計の特性，②家計の所得源，③村落の特性，からなる．①家計の特性は，家計構成員数，子供の人数，ため池保有数，家計の調理用燃料（炭），家畜資産（牛飼育数）に分けられる．②家計の所得源は，米生産量，家畜・家禽飼育数（豚・アヒル・鶏），出稼ぎの仕送り金額からなる．③村落の特性は，6村落をダミー変数によって区別する．以下の分析はOLSで推計した．

4.2　推計結果

　表2-5は推計結果を表す．モデル1からモデル3は家計の特性・家計の所得源・村落の特性を単独で説明変数とし，モデル4はすべての変数を説明変数としたものである．モデル5は，出稼ぎの仕送りを被説明変数にして推計したものである．

1）家計1人当たり所得

　すべての説明変数を含めたモデル4について検討しよう．

　第1に，家計の特性を表す変数では，家計構成員数と家畜資産（牛飼育数）

表 2 - 5　推計結果

	モデル 1	モデル 2	モデル 3	モデル 4	モデル 5
家計構成員数	-39540.6 (67341.5)			-144799.0** (64056.64)	394495.3** (179404.4)
子供の人数	-55678.6 (89638.4)			2836.318 (83878.93)	-125325.6 (238177.7)
ため池保有	114613.9 (172117.7)			-137449.7 (167489.0)	452714.3 (474673.1)
燃料（炭）	202695.6 (193511.4)			249160.2 (184195.4)	225375.3 (523176.8)
家畜資産（牛）	85302.7*** (28155.7)			65484.07** (30980.63)	-68545.44 (87881.61)
米生産量		31.58421 (37.37060)		44.72044 (38.05042)	-40.34466 (108.0913)
豚飼育数		74657.44*** (25890.06)		65368.95** (25552.17)	-28008.06 (72584.89)
アヒル飼育数		7851.010** (3291.464)		4570.407 (3739.761)	-6516.289 (10615.96)
鶏飼育数		10349.23* (6124.383)		11035.20* (6126.604)	-33687.64* (17210.42)
出稼ぎの仕送り		0.131011*** (0.027926)		0.159914*** (0.027561)	
CH村			-102811.1 (330061.3)	504.5692 (297201.9)	-826920.0 (842146.6)
DS村			115966.8 (372333.5)	49268.83 (333400.9)	-12077.42 (947508.8)
KS村			530946.2 (337985.7)	497707.1 (303332.0)	-1064618 (858012.5)
TV村			259093.8 (432106.9)	670370.0* (393693.2)	-1041348 (1115880)
RO村			129043.5 (350337.9)	131098.5 (316797.7)	-463658.3 (899591.1)
定数項	1103777*** (262920.4)	561691.1*** (134768.9)	934740.1*** (293558.8)	877721.1** (347937.4)	918018.2 (986203.6)
観測数	179	179	179	179	179
R^2	0.082427	0.184527	0.046516	0.306462	0.096090
自由度調整済み R^2	0.055753	0.160821	0.018799	0.242245	0.018454

注）村落ダミーの基準村は OL 村．***は 1 ％，**は 5 ％，*は 10 ％の有意水準，括弧内の値は標準誤差を表す．

が有意な変数になっている．家計構成員数の増加は1人当たり所得を低下させる．家計構成員数の増加は，1人当たり所得に対して正の効果を及ぼす場合と負の効果を及ぼす場合がある．稼得能力のある成人の増加は正の効果をもたらすが，子供や高齢者のような扶養家族の増加は負の効果をもたらす．後者の効果が十分に大きい場合には，家計構成員数の増加は家計1人当たり所得を減少させる．ここで，子供の人数の増加は有意ではないので，高齢者数が影響を与えている可能性がある．

家畜資産（牛飼育数）の増加は家計1人当たり所得を増加させる．家畜資産は，貯蓄手段でもあり，必要に応じて売却され現金化される．作物生産所得が減少したり，出稼ぎの仕送りが減少したり，冠婚葬祭などの不意の支出があったりする場合には，このような資産の売却が行われる．ため池の保有（灌漑施設）や調理用燃料が所得に及ぼす影響は有意ではない．ため池は半数近くの家計で保有されおり，調理用燃料は75％の家計が薪炭を利用している．

第2に，家計の所得源については，米の生産量は有意な変数になっていない．これは，カンボジア農村の主要作物の米が家計所得に貢献していないということである．この原因については，家計の土地面積や労働力などのデータが今回の調査では不十分であり，判断できない．

豚・アヒル・鶏の飼育数や出稼ぎの仕送りは正の有意な説明変数になっている．豚飼育数と出稼ぎの仕送りについては特に有意水準が高い．説明変数の係数をみると，家畜・家禽類の飼育では，豚飼育数が所得増大に最も大きな影響を与えている．家計所得の増大には，豚飼育数，鶏飼育数，アヒル飼育数の順に効果が大きい．

出稼ぎの仕送りは，家計1人当たり所得を増大させる．カンボジア農村では，農業所得への依存が依然として大きいが，土地なし農業労働者や零細小農民のような貧困層では非農業所得が重要な役割を果たす．出稼ぎの仕送りの係数を見ると，出稼ぎの仕送り1リエルが約0.16リエルの所得の増大をもたらすことが分かる．

第3に，村落の特性については，TV村の村落ダミーが10％水準で正の有意な説明変数になっている．KS村のダミー変数も10％の有意水準に近い（p値は0.108）．よって，TV村やKS村の家計1人当たり所得は基準村のOL村に比べて有意な差がある可能性がある．しかし，村落変数がダミー変数しかないので，この差が何によってもたらされているかは明確ではない．

モデル4の分析から明らかになったのは以下の点である.

第1に，家計構成員数と家畜資産および豚飼育数は，家計1人当たり所得に有意な影響を及ぼす．家族構成員数の増大は，扶養家族の増大を意味し，家計1人当たり所得を減少させる．家畜飼育の中では，牛飼育数と豚飼育数が家計所得の増大に及ぼす影響が大きい．農村家計の貧困削減において，家畜飼育のような非作物生産の重要性を示している.

第2に，家禽類の飼育では，鶏の飼育数の増加も家計1人当たり所得を増大させる．家禽類では，鶏がアヒルよりも有意水準が高く，係数の値も大きい．ただし，家禽類の飼育は，豚の飼育よりも病気や死亡のリスクが大きい．また豚の飼育よりも所得効果は小さい.

第3に，出稼ぎの仕送りは，家計1人当たり所得の増大に正の有意な影響を及ぼしている．カンボジア農村の家計では，米のような作物生産増大の所得効果は十分ではなく，出稼ぎのような非農業所得の役割が重要になっている.

2）出稼ぎの仕送り

モデル5は，出稼ぎの仕送りを被説明変数にしたものである.

第1に，家計構成員数は，出稼ぎの仕送りに有意に正の影響を及ぼしている．家計構成員数の増加は，出稼ぎ者の数を増加させ，仕送り額を増大させる．また家計構成員数の増加は，農業労働力の限界生産性を低下させ，出稼ぎ労働の誘因を高める．子供の人数の増加は出稼ぎには有意には影響していない．子供の人数の増加は，出稼ぎに対して正負の効果がある．一方では，家計1人当たり消費水準を低下させるので，出稼ぎを促す．しかし他方では，子供の世話のために女性の出稼ぎを抑制する.

第2に，鶏の飼育数が，出稼ぎの仕送りに有意に負の影響を及ぼしている．牛・豚・アヒルの飼育数については有意ではない．鶏は，飼育羽数が少ない場合には放し飼いされる．しかし，飼育羽数が多くなると，鶏舎で飼育され世話をする労働力が必要になり，出稼ぎ労働に負の影響を及ぼす可能性がある.

第3に，出稼ぎの仕送りを説明するには，決定係数が小さいので，このモデルでは必ずしも十分ではない．先行研究で指摘されたような人的資本や土地資本のような説明変数を追加する必要があるが，今回は，このようなデータを利用できなかった.

4.3 推計結果に関する検討

1）村落間の所得格差

JVCのFood Security Survey（2015）を補足する調査を2016年2月と9月に行った．この調査から，村落ごとの所得格差については以下の点に留意する必要があるだろう．

第1に，KS村は6村落の中で州都のシェムリアップ市に一番近い場所に位置している．平均所得の最も低いCH村は同市から最も遠い場所にある．シェムリアップ市とのヒト・モノ・カネ・情報の交流が，データでは分からないKS村の家計所得の増大に寄与している可能性がある．

第2に，KS村には整備された灌漑施設はないが，農業用の簡易な水路が造られている．また村内に大きなため池が，日本のNGOの支援によって造られている．農家の周りにも小さなため池がいくつもあり，稲作にとって有利な水利環境がある．

第3に，国際機関やNGOからの支援が村落によって異なる可能性がある．これらの国際機関やNGOの支援によって農業技術や灌漑技術が普及しているところもある．KS村では，JVC以外にWorld Visionが支援している．飲料水は雨水を利用する農家が多いが，KS村内の各家計には，NGOによって井戸が作られ，飲料水が確保されている．

調査対象の6村落では，JVC以外に以下のNGOが農家を支援している．① FTG（Foundation Temple Garden）は，共同のため池を造成したり，農家への衛生・手洗いを指導したりしている．② Harvestは，USAID（米国）と連携し，数件のサンプル農家を支援している．新しい農法の普及，種の支援，野菜の栽培指導，ハンドクラフト指導などを行っている．③ READAは，デンマークのNGOの支援を受けるカンボジアのNGOで，数件のサンプル農家に対して農業資材の支援や貯蓄の指導などを行っている．④ ADDAも，デンマークのNGOの支援を受けるカンボジアのNGOである．⑤ World Visionは，米国のキリスト教系のNGOで，小学校の給食を支援している．

2）先行研究との比較

本章の推計結果を先行研究と比較しよう．第1に，カンボジア農村の家計所得の増大において，非作物生産所得——家畜・家禽類の飼育——の重要性を指摘した矢倉（2008）の研究と本章の分析結果は整合的である．ただし，家畜・

家禽類の飼育が家計の所得増大に及ぼす効果を矢倉 (2008) は計量的に分析していない．本章の分析結果では，牛・豚・鶏の飼育数の順に家計 1 人当たり所得への効果が大きい．

第 2 に，出稼ぎの仕送りが家計所得に及ぼす影響については，矢倉 (2006, 2008)，Luch (2012)，福井・三輪 (2014) の研究と整合的である．ただし，本章の分析は，出稼ぎの仕送りの要因を説明するには，説明変数が不足し十分ではない．

第 3 に，人的資本の蓄積が非農業所得を増大し，貧困削減につながるとする東アジアの成長モデル (Sen 1999) との整合性は確認できなかった．初等教育の中退者が多く，人的資本への投資は不十分である．人的資本は量的拡大——家計構成員数の増大——の段階である．短期的には，家畜・家禽の飼育による非作物生産所得や出稼ぎの仕送りによって家計所得を確保しながら，長期的には，人的資本への投資と非農業所得の増大が課題であろう．

4.4　農村の貧困削減に向けて

カンボジア農村の貧困と家計所得の多様化について観測データをもとに実証的に分析した．主要な結論と貧困削減への含意は以下の通りである．

第 1 に，カンボジア農村の家計 1 人当たり所得は，農業所得の中の非作物生産所得（家畜・家禽）に依存している．すなわち，家畜や家禽類の飼育数が多いほど，家計所得が多くなる．貧困削減のためには，短期的には家畜や家禽類の飼育数を増やすような支援が重要になる．牛の飼育は貯蓄手段の場合が多い．よって，所得増大のためには豚や鶏の飼育が有効な手段になる．ただし，特に豚の飼育にはリスクが大きい．農家への資金だけではなく，養豚の知識についても適切な支援が必要になるだろう．

第 2 に，農村の家計 1 人当たり所得は，非農業所得（出稼ぎの仕送り）に依存している．貧困削減のためには，非農業所得を増大する必要がある．しかし，非農業所得の増大には人的資本（教育）の蓄積が重要になる．初等教育だけではなく中等教育を充実させ，人的資本の形成を促進する必要がある．人的資本の形成は，都市における出稼ぎの機会を増やすだけではなく，農村における農業以外の産業化を促進し，雇用機会を増やし，賃金所得の増大をもたらす．

いっそうの議論のために

問題1　アマルティア・センの貧困概念のキーワードについて説明しなさい.

問題2　所得貧困アプローチをとる際に使われる「貧困人口比率」指標の問題点について検討しなさい.

問題3　カンボジア農村の家計1人当たり所得を決める要因について検討しなさい.

💡 議論のためのヒント

ヒント1　センによれば,貧困とは潜在能力の絶対的剥奪である.潜在能力とは何か,どのような要素が重要かについて考えてみよう.

ヒント2　貧困人口比率は,貧困の深さを測ることができない (Sen 1981:邦訳 15).貧困線1.9ドルから所得が少し低下した状態 (1.8ドル) の人も,そこから大きく低下した状態 (0.5ドル) の人も同じように扱われる.また,貧困人口比率は,貧困線に近い人を支援すると低下するが,貧困線から大きく下がった人を支援しても変わらない.

ヒント3　本章の調査村の家計1人当たり所得について,非農業所得と農業所得に分けて考えてみよう.

第3章 母子保健
——農村の妊産婦検診——

2016.9.1 撮影

農村の母子

―――――――― この章で学ぶこと ――――――――

　本章では，SDGsの母子保健，カンボジアの母子保健，カンボジア農村の妊産婦検診について学ぶ.

　第1に，SDGsの母子保健の2030年までのターゲットは以下の通りである. 妊産婦死亡率を出生10万人当たり70人未満に削減し，新生児死亡率を出生1000件当たり12件以下まで減らし，5歳未満児死亡率を出生1000件当たり25件以下まで減らすことを目指す.

　第2に，カンボジアの母子保健の2020年までのターゲットは以下の通りである. 妊産婦死亡率を出生10万人当たり130人以下に削減し，新生児死亡率を出生1000件当たり14件以下にすることを目標にする.

　第3に，カンボジア農村の妊産婦検診では，妊産婦検診の決定要因について以下の点を明らかにする. ① カンボジア農村における産前検診や産後検診の受診は，出産年齢や出産回数などの妊産婦の属性によって異なる. ② 妊娠・出産に関する情報源（隣人・看護師・村長）の相違は，産前検診や産後検診の受診に影響を及ぼす. ③ 妊産婦の社会関係資本（学校保護者会・葬儀扶助）は，産前検診や産後検診の受診率に影響を及ぼす.

Keywords
女性のエンパワーメント　プライマリーヘルス・ケア　セーフ・マザーフッド・イニシアティブ　リプロダクティブ・ヘルス　リプロダクティブ・ライツ　妊産婦死亡率　乳幼児死亡率　専門技能保健師　妊産婦検診　産前検診　産後検診　社会関係資本　認知的社会関係資本　構造的社会関係資本　学校保護者会　葬儀扶助

1　SDGsの母子保健

1.1　女性と健康の問題

　SDGsの目標③は，「すべての人の健康的な生活を確保し，福祉を促進する」という健康と福祉に関するものである．ここで健康とは，単に病気にかかっていないというだけではなく，身体的・精神的・社会的に完全に良好な状態を表す（WHO 1948）．また1948年の世界人権宣言では，健康に生きる権利は基本的人権の一部とされた（United Nations 1948）．発展途上国では，健康に生きる権利は十分に確立されているわけではない．特に女性の健康は男性よりも厳しい状況がある．開発の重要な目的の1つは，疾病を回避し健康に生きる人々の自由を拡大することである（Sen 1999）．

　開発において女性の健康が特に問題になるのは以下の点と関係している．第1に，女性は，妊娠や出産の機能を持つという点で男性とは異なる健康上の問題がある．第2に，発展途上国の女性は社会文化的に弱い立場にあり，その結果，女性の健康問題は優先順位の低い位置に置かれている．性や生殖のタブーは世界中に存在し，女性が性や生殖に関する保健サービスを受ける障害になっている．その結果，性や生殖に関する知識が不足し，危険な性行為や安全性を欠いた出産が行われたりしている．

　女性の健康問題は女性のエンパワーメントの問題である．**女性のエンパワーメント**とは，女性が主体的に判断し行動する能力，自分で計画・決定・実施する能力，自分の環境を変えていく能力などを高めていくことである．女性は，自ら能動的に行動する能力を高めることによって，その健康問題を解決することができる（Sen 1999：邦訳215-231）．

1.2　SDGsに至る経緯

　女性の健康に関する議論は，女性が自分自身の健康を守る権利を獲得する歴史である．1960年代に国連人口会議などにおいて，発展途上国における過剰な人口と貧困との関係が問題にされ，開発における人口抑制の必要性が提案された．しかし，こうした人口抑制政策には，女性解放運動や宗教団体から批判が起きた．女性解放運動は，避妊をするか否かの選択は，女性自身が決める権利であるとして反対した．またカトリック教やイスラム教は，人工的な避妊を教

義上認めていない.

　1970年代になると，発展途上国における広範な人々の健康問題が国際社会の議論の対象になった. 1978年に，WHOは世界会議を開催し，「アルマ・アタ宣言」を行った. この宣言で，2000年までにすべての人に健康を確保することが掲げられ，**プライマリーヘルス・ケア**が提案された. プライマリーヘルス・ケアとは，子供の予防接種，下痢症の早期治療，妊産婦検診，栄養指導など，少ない費用で，専門医がいなくても実施可能で，地域に密着した予防的な公衆衛生や基本的な医療活動である（青山・原・喜多 2001：24）. このような提案が行われた背景には，発展途上国では特に子供や女性が，気管支炎，肺炎，下痢，麻疹などの感染症や，妊娠・出産に関わる妊娠中毒症・貧血などの合併症のように，予防や早期治療によって削減が可能な原因によって死亡しているからである.

　発展途上国では，多くの女性たちの生命が妊娠や出産に関連して危険にさらされている. こうした状況において，1987年に国際機関によってナイロビ会議が開催された. この会議で**セーフ・マザーフッド・イニシアティブ**（安全な母性計画）が発足した. これは，安全な妊娠や出産を目指す運動で，2000年までに妊産婦死亡を半減させることを目標に掲げた. しかし，この運動は必ずしも十分な成果を挙げることができなかった. その理由の1つは，妊産婦死亡を防ぐための産科的な救急医療体制が発展途上国には十分に整備されていなかったからである.

　1988年，WHOによってリプロダクティブ・ヘルスが提唱され，1994年の世界人口・開発会議（カイロ）において，リプロダクティブ・ヘルスやリプロダ

2017.9.8撮影　　　　　　　　　　　　　　　　　2018.9.10撮影

写真 3−1　農村の母子

クティブ・ライツが国際的に認知されるようになった．**リプロダクティブ・ヘ**
ルス（性と生殖に関する健康）とは，女性と男性の生涯を通した性と生殖に関す
る健康であり，「性と生殖に関して，身体的・精神的・社会的に完全に良好な
状態にあること」（WHO）と定義さる（青山・原・喜多 2001：137）．**リプロダクティ**
ブ・ライツ（性と生殖に関する権利）は，リプロダクティブ・ヘルスを達成する
権利である．

　リプロダクティブ・ヘルスは，女性と男性の生涯における性と生殖にかかわ
る健康であり，女性の妊娠・出産を中心とした母子保健とは異なる．リプロダ
クティブ・ヘルスの範囲には，妊娠と出産，避妊と不妊，性感染症，乳癌や子
宮癌，思春期保健，更年期以降の健康，男性の健康とその役割，女性に対する
暴力などが含まれる．このようなリプロダクティブ・ヘルスの確立のためには，
以下の条件が満たされなければならない．① 希望する数の子供を，希望する
時に持つことができる．② 安全に妊娠・出産ができる．③ 妊娠・出産が母子
の生命・健康にとって安全である．④ 望まない妊娠や病気感染を恐れること
なく，性的関係を持つことができる．

　2000年9月に採択されたミレニアム開発目標（MDGs）の目標⑤に「妊産婦
の健康改善」が掲げられた（United Nations 2000）．国際的な開発目標の中に妊産
婦の健康改善が明示的に採り上げられたのは初めてである．このような開発目
標がMDGsで提起されたのは，発展途上国における妊産婦死亡率の高さや，
リプロダクティブ・ライツが国際的に認知されてきたからである．MDGsでは
さらに，保健衛生上の目標として，目標④「乳幼児死亡率の削減」，目標⑥「HIV
／エイズ，マラリアなどの疾病の蔓延防止」が掲げられた．

　妊産婦の健康改善は，目標④「乳幼児死亡率の削減」と密接に関係し，また
目標②「初等教育の完全普及の達成」や目標③「ジェンダー平等の推進と女性
のエンパワーメント」とも関係している．母親の健康改善は，子供（特に新生児）
の死亡率の改善につながる．女性が教育を受け，経済力を高め，家族や地域社
会における意思決定過程に参画できるようになれば，女性がリプロダクティブ・
ライツを行使し，女性や子供の健康改善を向上させることができる．

1.3　MDGsの成果と課題

　MDGsの保健衛生は，目標④「乳幼児死亡率の削減」，目標⑤「妊産婦の健
康改善」，目標⑥「HIV／エイズ，マラリアなどの疾病の蔓延防止」において

表 3-1　MDGsの成果と課題

MDGsの目標	MDGsの成果	課題
目標④ 乳幼児死亡率の削減	① 5歳未満児死亡率の改善ペースは，1990年以降，世界全体で3倍に加速 ② 乳幼児死亡者数は，1999年の1270万人から2015年に600万人に減少 ③ 麻疹の予防接種は，2013年までに世界の86%の5歳未満児が受け，1560万人の死亡を防止	① 毎日1万6000人の5歳未満児が死亡 ② 最貧困家庭の5歳未満児死亡率は，最裕福家庭の子供に比べて2倍高い ③ サハラ以南アフリカの乳幼児死亡率は，最も改善が見られた東アジアの死亡率と比べ8倍高い
目標⑤ 妊産婦の健康改善	① 1990年以降，妊産婦死亡率は45%減少 ② 専門技能保健師の介助出産は，1990年の59%から2014年には71%に上昇	① 専門技能保健師の介助出産は，サハラ以南アフリカと南アジアではわずか52% ② 2014年の妊産婦検診の受診率は52%しかない

出所) United Nations (2015a).

掲げられた．**表3-1**は母子保健に関するMDGsの成果と課題を表す（United Nations 2015a）．

　全世界では2015年現在，1日830人の女性が妊娠・出産の合併症によって死亡している（WHO 2017a）．出生10万人当たりの妊産婦死亡率は216人である．2030年までに目標を達成するためには，妊産婦死亡率を少なくとも毎年7.5%減らさなければならない．多くの妊産婦の死亡は，医学的措置が十分に行われれば予防できる．したがって，妊娠・出産に際して，助産師などの専門技能保健師による介助にアクセスできることが重要になる．2016年現在，全世界でこのような介助を受けた出産は78%に留まる．

　全世界の5歳未満児死亡率は，2015年には出生1000件当たり43件である（WHO 2017a）．新生児死亡率は，出生1000件当たり19件である．これらの数字は，2000年のそれぞれ100件当たり44件，100件当たり37件から大幅に改善している．5歳未満児の中で新生児の死亡の割合は，全世界ではおおよそ半分であるが，アフリカではそれよりも多い．またアフリカでは，5歳未満児の死亡の3分の1は生後1カ月以内である．

1.4　SDGsの目標とターゲット

目標③ すべての人に健康を確保し，福祉を促進しよう

　この目標達成のために母子保健関係では，以下のような2030年までのター

ゲットが設定された．世界の妊産婦死亡率を出生10万人当たり70人未満に削減する（tgt.3.1）．すべての国が新生児死亡率を少なくとも出生1000件当たり12件以下まで減らし，5歳未満児死亡率を少なくとも出生1000件当たり25件以下まで減らすことを目指す．さらに新生児や5歳未満児の予防可能な死亡を根絶する（tgt.3.2）．性と生殖に関する保健サービスをすべての人が利用できるようにする（tgt.3.7）．

2　カンボジアの母子保健

2.1　カンボジア政府の目標

カンボジア政府は，2016年にSDGsを受けて「妊産婦・新生児の死亡率削減のための優先取組指針」（Ministry of Health 2016a）を作成した．この指針には，SDGsの目標達成のために妊産婦検診について，4回以上の産前検診の受診率，産後2日以内の産後検診の受診率，助産師などの専門技能保健師が勤務する医療機関での出産の割合などの指標を定めている．**専門技能保健師**とは，合併症を伴わない分娩や出産後のケアができると共に，女性や新生児の感染症の認知・管理ができ，患者紹介・搬送について教育・研修を受けた助産師・医者・看護師などを指す（UNICEF 2009）．専門技能保健師による介助出産は，より安全な出産につながり，妊産婦や新生児の死亡の減少をもたらす．

表3-2は，母子保健に関するSDGsとカンボジア政府の目標を表す．SDGsの目標年度は2030年であるが，カンボジア政府は2020年の目標を作成している

表3-2　母子保健に関するSDGsとカンボジア政府の指標

指標	2014年	2020年目標	SDGs目標
① 妊産婦死亡率	161人*	130人未満	70人未満
② 専門技能保健師による介助出産	89.0%	NA	NA
③ 5歳未満児死亡率	28.7件*	NA	25件以下
④ 新生児死亡率	14.8件*	14件以下	12件以下
⑤ 4回以上の産前検診	75.6%	90%	NA
⑥ 2日以内の産後検診	90.3%	95%	NA
⑦ 医療機関での出産	83.2%	90%	NA

注）妊産婦死亡率の単位は出生10万人当たり，5歳未満児と新生児の死亡率の単位は出生1000件当たり．＊印の数値は2015年．
出所）Ministry of Planning (2014b), Ministry of Health (2015a, 2016a).

（Ministry of Health 2015a, 2016a, United Nations 2018a, United Nations in Cambodia Website）．カンボジアの2020年目標は，① 妊産婦死亡率は出生10万人当たり130人未満，② 新生児死亡率は出生1000件当たり14件以下である．これらの目標を達成するための指標は以下の通りである．③ 4回以上の産前検診の受診率を2014年の76％から90％にする．④ 産後2日以内の産後検診の受診率を2014年の90％から95％にする．⑤ 医療機関での出産率を2014年の83％から90％にする．

2.2　カンボジアの母子保健の現状

SDGsの4つの指標，① 妊産婦死亡率，② 専門技能保健師による介助出産，③ 5歳未満児の死亡率，④ 新生児の死亡率についてカンボジアの現状を確認しよう．

1）妊産婦死亡率

表3-3は，東南アジア諸国と比較したカンボジアの妊産婦死亡率（Maternal Mortality Rate：MMR）を表す．2015年の妊産婦死亡率を見ると，カンボジアは，ラオス・ミャンマーに次いで高く，出生10万人当たり161人である．国連のミレニアム開発目標MDGsの140人／2015年を達成していない（WHO 2015a）．

カンボジアの妊産婦死亡率の削減率は，MDGsの基準となった1990年と比較

表3-3　妊産婦・5歳未満児・新生児の死亡率の国際比較（2015年）

国名	妊産婦死亡率	MMR削減率	専門技能保健師の介助	5歳未満児死亡率	新生児死亡率
カンボジア	161	84.2	89	28.7	14.8
ラオス	197	78.2	40	66.7	30.1
ミャンマー	178	60.7	60	50.0	26.4
インドネシア	126	71.7	87	27.2	13.5
フィリピン	114	25.0	73	28.0	12.6
ベトナム	54	61.2	94	21.7	11.4
マレーシア	40	49.4	99	7.0	3.9
タイ	20	50.0	100	12.3	6.7

注）妊産婦死亡率（MMR）の単位は出生10万人当たりの人数．MMR削減率＝（1990年 MMR-2015年 MMR）÷1990年 MMR×100．専門技能保健師の介助の単位は％．5歳未満児と新生児の死亡率の単位は出生1000件当たりの件数．
出所）WHO（2015a, 2017a）．

すると84.2％であり，東南アジア諸国の中で最も高い値になっている．その要因について，Liljestrand and Sambath（2012）は，カンボジアの出産環境の改善を指摘している．助産師・医師・看護師などの専門技能保健師による介助出産が2005年の44％から2010年の71％に上昇した．また出産場所が，自宅から医療機関（病院・保健センター）に代わっている．

　カンボジア政府は，2000年以降，助産師の養成を強化してきた．2011年現在，3678人の助産師が政府系機関で雇用され，すべての保健センターに助産師がいる．さらに出産環境変化の背景には，貧困者への医療費無料制度（Health Equity Fund: HEF）やバウチャー制度の整備がある（Ir *et al.* 2010, Van de Poel *et al.* 2014）．病院や保健センターへのインセンティブ制度の導入も影響している．この制度によって，新生児が生きていると，保健センターに15USD，病院に10USDが与えられる．

2）専門技能保健師による介助出産

　表3-3には，東南アジア諸国の専門技能保健師による介助出産の割合を表すデータが示されている．カンボジアは，ラオス・ミャンマー・フィリピン・インドネシアに次いで低く，専門技能保健師による介助出産の割合は89％である（WHO 2017a）．またカンボジア国内には，都市部と農村部で介助出産の地域格差があり，都市部では97.8％であるが，農村部では87.6％である（Ministry of Health 2015a）．

3）5歳未満児と新生児の死亡率

　表3-3には，東南アジア諸国と比較したカンボジアの5歳未満児と新生児の死亡率が示されている．カンボジアの5歳未満児死亡率（出生1000件当たり28.7件）と新生児死亡率（同14.8件）は共に，東南アジア諸国の中で，ラオス・ミャンマーに次いで3番目に高い．ただし，ラオスやミャンマーと比べると，その死亡率はかなり低く，東南アジア域内の先進国であるフィリピンやインドネシアの数値に近い．

　カンボジア国内でも5歳未満児と新生児の死亡率は都市部と農村部では差がある（Ministry of Health 2015a）．2014年の5歳未満児死亡率は，都市部で出生1000件当たり18件，農村部では同52件と3倍近くの差がある．新生児死亡率も，都市部で出生1000件当たり13件，農村部では同42件と約3倍近くの差がある．

農村部で貧困世帯の多いモンドルキリ・ラタナキリ・クラチエ州はいずれも，5歳未満児死亡率が出生1000件当たり80件と最も多い．これに対して，首都のプノンペンは同23件である．新生児死亡率についても，農村部のモンドルキリ・ラタナキリ州は出生1000件当たり72件と最も多く，クラチエ州も同61件である．その一方で，首都のプノンペンは同17件で大幅に改善されている．シェムリアップ州は，5歳未満児死亡率が同56件で州別では6番目に高く，新生児死亡率も同40件で州別で8番目に高い．

2.3 カンボジアの妊産婦検診の現状

カンボジア保健省は，2016年に妊産婦と新生児の死亡率の削減を目標とした「妊産婦・新生児の死亡率削減のための優先取組指針」を明らかにした．その中でSDGs目標達成のための指標として，① 少なくとも4回以上の産前検診の受診，② 出産後2日以内の産後検診の受診，③ 専門技能保健師による介助出産を示した（Ministry of Health 2016a）．

1）産前検診

2014年の産前検診の状況を見ると，専門技能保健師による1回以上の妊産婦検診の受診者は95.3％に達する（Ministry of Health 2015a）．この内，88％が助産師，6％が医者，1％が看護師による検診である．これは，2010年の産前検診の受診率89％から改善している．年齢別では，20歳以下の女性の受診率95.5％は，35歳以上の受診率88.9％よりも高い．出産回数別では，初産の受診率98.4％が一番高く，出産回数が増えるにつれて2-3回目96.5％，4-5回目90.7％，6回目71.9％のように低下する．

産前検診の回数ごとの受診率をみると，4回以上の産前検診は，カンボジア保健省が定めた2020年の目標値は90.0％であるが，2014年現在75.6％である．この産前検診についても都市部と農村部に大きな地域差がある．都市部では85.4％であるが，農村部では73.9％であり，全州の中で最も低いクラチエ州は72.8％である．シェムリアップ州の受診率は96.1％である．

2）産後検診

カンボジア保健省は，出産後2日以内に最初の産後検診を受診するよう指導している．産後2日以内の検診の2020年目標は95.0％であるが，2014年現在の

表3-4 産前検診・産後検診・介助出産・医療機関での出産の州別比較 (2014年)

(単位：%)

州・特別市	産前検診	産後検診	介助出産	医療機関での出産
クラチエ州	72.8	91.8	51.9	46.3
モンドルキリ州／ラタナキリ州	76.0	39.2	53.6	51.2
シェムリアップ州	96.1	87.9	93.0	91.6
プノンペン	98.5	100	96.1	95.9
カンボジア全体	95.3	90.3	89.0	83.2

注) 産前検診は1回以上の受診率. 産後検診は2日以内の受診率. 介助出産は専門技能保健師による介助出産の割合.
出所) Ministry of Health (2015a).

状況は90.3％である．産後検診の受診率は改善されており，首都プノンペンの受診率は100％である．しかし，産前検診と同様に産後検診も都市部と農村部の地域差が大きい（表3-4を参照）．農山村地域のモンドルキリ州やラタナキリ州では，産後検診の受診率は39.2％しかない．シェムリアップ州の受診率は87.9％であり，州別で7番目に低い．

3）専門技能保健師による介助出産

2014年現在の専門技能保健師による介助出産の割合は89.0％である．この数値は，20歳未満の女性が89.3％，20-35歳未満の女性が89.9％であるが，35歳以上の女性になると81.3％に低下する．この割合は出産回数にも依存し，初産の場合には94.1％であるが，6回以上になると64.6％まで低下する（Ministry of Health 2015a）．

専門技能保健師がいる医療機関での出産の割合は，2014年現在83.2％である．この数値も，20歳未満の女性が83.3％，20-35歳未満の女性が84.5％であるのに対して，35歳以上の女性になると71.6％に低下する．この割合もまた出産回数に依存し，初産の場合には90.0％であるが，6回以上になると56.1％まで低下する．

政府は医療機関での介助出産を奨励している．カンボジア全国には88の保健行政区がある．各州に州立病院があり，各保健行政区に地方病院（レフェラル病院）や保健センターなどの医療機関がある．保健行政区は住民人口を基準に分けられ，各保健行政区の人口は10-20万人である．医療機関は，住民人口とアクセスを基準に設置されている．地方病院の基準は，標準人口規模が10万人で，

都市部では交通手段を使って2時間以内，農村部では3時間以内のアクセスである．保健センターの基準は，標準人口規模が1万人で，住民の自宅から10km以内または徒歩2時間以内のアクセスである．2015年現在，医療機関は，地方病院が102，保健センターが1141である（Ministry of Health 2016b）．

　カンボジアの母子保健の現状は以下のようにまとめられる．① 妊産婦死亡率は，2030年のSDGs目標70人未満に対して，2015年現在161人である．② 5歳未満児死亡率は，SDGs目標25件以下に対して，2015年現在28.7件である．③ 新生児死亡率は，SDGs目標12件以下に対して，2015年現在14.8件である．さらに妊産婦検診指標を見ると，④ 4回以上の産前検診の受診率は，2020年の政府目標90％に対して，2014年現在75.6％である．⑤ 産後2日以内の産後検診の受診率は，政府目標95％に対して，2014年現在90.3％である．⑥ 医療機関での出産率は，政府目標90％に対して，2014年現在83.2％である．

3　カンボジア農村の妊産婦検診の調査

3.1　妊産婦検診の先行研究

　Andersen（1995）は，妊産婦検診の研究に関する一般的な分析枠組みを提供している．発展途上国における妊産婦検診に関して，彼の議論を踏まえた文献調査には，Say and Raine（2007），Simkhada *et al.*（2008），Gabrysch and Campbell（2009）などがある．Adjiwanou *et al.*（2018）は，アジア・アフリカの発展途上国32か国のDemographic and Health Surveyを利用し，女性の妊娠・出産に影響を及ぼす要因について検討している．

　カンボジアについては，Sagna and Sunil（2012）が，Cambodia Demographic and Health Survey 2005を用いて4回以上の産前検診の受診に影響を及ぼす要因を検討している．彼らの分析対象は，直近5年以内に出産した15-49歳の女性6140人である．Prusty *et al.*（2015）は，Cambodia Demographic and Health Survey 2010を利用し，同様の属性の観察対象6323人について検討している．Yanagisawa *et al.*（2006）は，2003年にコンポンチャム州における専門技能保健師の介助出産に影響を及ぼす要因について分析している．観察対象は，直近3カ月以内に出産した15-49歳の女性980人である．Matsuoka *et al.*（2010）は，2006年にコンポンチャム州の6村落で66人に妊産婦検診に関する聞き取り調査をしている．Kikuchi *et al.*（2018）は，2015年12月にラタナキリ州で収集され

たデータをもとに妊産婦検診に影響を及ぼす要因を分析した．観察対象は2歳未満児の母親377人である．

　以上の研究をもとに，妊産婦の産前検診や産後検診に影響を及ぼす要因について，① 人口学的要因，② 社会経済的要因，③ 利用可能な医療資源，④ 社会関係と社会関係資本という点から検討しよう．

1）人口学的要因

　妊産婦検診に影響する人口学的要因には，妊娠・出産の年齢，出産回数，妊娠合併症の経験，婚姻状態（既婚・未婚・離婚）などがある．

　妊娠の年齢が高い方が，妊産婦検診の受診率は高くなる．妊婦が20歳未満の場合には，妊産婦検診に関する理解が浅く，受診率は低い．妊婦が20歳以上，特に35歳以上の場合には，妊娠についての理解の向上と共に出産に関する不安が高まり，受診率が高くなる．

　妊婦の出産回数が少ないと，妊産婦検診の受診率は高まる．初産の場合には出産の不安から妊産婦検診の受診が増える．しかし出産回数が増えると，過去の出産経験から自己判断し，受診が減る傾向がある．また過去の妊娠・出産で合併症の経験があると，受診率は高くなる．

　妊産婦の婚姻については，経済的には既婚者の方が，受診率が高くなる．しかし，女性の自律性という点では単身者の方が，受診が容易になる．理解のない夫や義母への従属は妊産婦検診の障害になる．

2015.2.25撮影　　　　　　　　　　　　　　2018.9.3撮影

写真3-2　農村の母子

2）社会経済的要因

　妊産婦検診に影響する社会経済的要因には，妊婦や夫の教育歴，家計所得，職業，家計構成員数，居住地域などがある．

　妊婦の教育歴が長いと，妊産婦検診の受診率は高くなる．女性自身が教育を受けることによって，妊娠・出産について知識や情報を入手したり理解したりする可能性を高め，家計内において自律的に意思決定する能力も高まる．また妊婦の夫の教育歴も長い方が，受診率は高くなる．夫の教育歴が長くなると，家計所得も高くなり，女性の健康に関する知識が豊富になり，夫婦間の対話の可能性も高まる．

　家計所得が高くなると，妊産婦検診の受診率が高まる．夫の職業は，自宅での専門技能保健師による出産介助にも影響し，農業以外の公務員などの方が出産介助を利用する場合が多い．家計構成員数は，多い方が受診率を高くする場合もあるが，乳幼児がいる場合には受診率を低くする．居住地は農村よりも都市の方が，妊産婦検診の受診率は高い．

3）利用可能な医療資源

　妊産婦検診に影響する利用可能な医療資源には，医療施設の量と質，検診費用やその支払方法，妊娠・出産の公的な補助金，医療施設までの距離（交通費・移動時間・待ち時間）などがある．

　保健センターや病院などの医療施設が近くにあり，助産師や医療スタッフなどが日常的に勤務していれば，妊産婦検診の受診率は向上する．医療施設の助産師などが適切な対応ができない場合や医療スタッフの態度が良くない場合に

2018.9.3 撮影　　　　　　　　　　　　　　　　　　　2018.9.3 撮影

写真 3-3　農村の母子

は，受診率が低下する．検診費用については，妊産婦検診の自己負担が大きく，補助金や医療保険がない場合には，妊産婦検診の受診率は低くなる．医療施設までの距離については，保健センターなどが遠く，そこまでの交通手段が整備されていなかったり，検診の待ち時間が長かったりすると，受診率は低下する．自宅での出産の場合でも，保健センターからの距離が近い方が，専門技能保健師などの介助を得やすい．

4）社会関係と社会関係資本

妊産婦検診に影響する社会関係と社会関係資本には，女性の自律性，健康意識，情報入手，慣習，宗教，エスニシティ，社会関係資本などがある．

家計内において妊産婦が自律性（意思決定・資源管理・移動の自由）を得ている場合には，妊産婦検診の受診を促進する．しかし夫や義母に従属的な場合には，受診の障害になる．妊娠・出産の意思決定が妊婦にある場合には，受診率が高くなるという報告があるが，明確な結果はないという報告もある．

妊産婦の健康意識の受診への影響については，明確な結果は得られていない．しかし，妊産婦の識字率や検診知識の向上は受診を促進する．テレビ・ラジオなどのメディアの利用頻度が受診率に及ぼす影響についても明確な結果はない．妊娠・出産の情報源の相違が妊産婦検診の受診率に及ぼす影響については，これまで研究報告はない．

村落の長老の意見や地域の伝統的な慣習は，受診の障害になる場合がある．伝統的な慣習は，地域の社会関係資本を介して維持される可能性がある（Harpham *et al.* 2006, De Silva and Harpham 2007）．ここで，**社会関係資本**とは，社会的ネットワーク・互酬性の規範・信頼のことである（Putnam 1993, 2000）．社会関係資本は，構造的社会関係資本（社会組織への参加）と認知的社会関係資本（互酬性の規範や信頼）に分けられる．宗教やエスニシティも社会関係資本を構成し，地域によって妊産婦の受診に強く影響する場合がある．社会関係資本には情報伝達の機能もある（Colman 1988）．カンボジアにおいて社会関係資本が妊産婦検診に及ぼす影響についての研究報告はこれまでない．

3.2　調査概要とデータ

妊産婦検診に関する聞き取り調査は，2018年9月3日から10日に実施した．調査地は，シェムリアップ州チクレン郡（Chi Kraeng District）の7村落である．

観測単位は出産経験のある女性283人である．村落の各世帯を訪問し，個別対面方式によって聞き取り調査を実施した．

　この調査では，妊産婦検診の受診について以下の点を質問した．第1に，4回以上の産前検診を受診したか否か．第2に，産後2日以内に産後検診を受診したか否か．産前検診の回数や産後検診の時期については，国連やカンボジア政府の指標を参考にした（Ministry of Health 2015a, 2016a, United Nations 2018a）．

　表3-5は，村落ごとの産前検診と産後検診の受診を表す．4回以上の産前検診を受診したと回答したのは241人（85.2%）である．2日以内の産後検診を受診したと回答したのは192人（67.8%）である．産後検診の受診率は，総数でも村落別でも産前検診の受診率を下回る．産前検診については，カンボジア政府の2020年目標は90%であるが，その目標に達していない．産後検診については2020年目標は95%であるが，これは目標を大幅に下回る．

　産前検診と産後検診には村落間で相違がある．産前検診の受診率は，CH村の91.7%が最も高く，OL村の87.5%がそれに続き，DS村の73.1%が最も低い．産後検診の受診率は，CH村の83.3%が最も高く，DS村の73.1%がそれに続き，CL村の31.8%が最も低い．CH村は，産前検診も産後検診も受診率が最も高い．CL村は，産前検診の受診率は高いが，産後検診の受診率は最も低い．

　表3-6は，各村落の調査対象者の社会経済的属性を表す．283人の調査対象者の平均年齢は31.4歳であり，家計構成員数は平均5.2人である．その内60歳以上の人数が平均0.2人，15歳未満の子供が平均2.1人，5歳未満の子供が平均1.0人である．家計所得は，出稼ぎの仕送りを含み，平均57.4USD／月である．CL

表3-5　産前検診と産後検診の村落別比較

村名	産前検診	産後検診	観測数
OL村	35 (87.5)	27 (67.5)	40
CH村	66 (91.7)	60 (83.3)	72
DS村	19 (73.1)	19 (73.1)	26
KS村	64 (82.1)	48 (61.5)	78
TV村	12 (85.7)	9 (64.3)	14
RO村	26 (83.9)	22 (71.0)	31
CL村	19 (86.4)	7 (31.8)	22
全村	241 (85.2)	192 (67.8)	283

注）産前検診は4回以上の検診人数，産後検診は2日以内の検診人数，括弧内は%.

表 3-6　社会経済的属性の記述統計

変数	OL村	CH村	DS村	KS村	TV村	RO村	CL村	全村
観測数	40	72	26	78	14	31	22	283
年齢	31.6	29.3	33.9	31.5	31.4	33.9	31.3	31.4
家計構成員数	4.2	5.2	5.2	4.9	4.9	5.8	5.2	5.2
（60歳以上人数）	0.2	0.2	0.03	0.2	0.3	0.3	0.2	0.2
（15歳未満人数）	2.4	2.0	2.0	1.9	2.0	2.3	2.2	2.1
（5歳未満人数）	1.3	1.04	1.04	0.94	0.92	1.0	0.95	1.0
家計所得（USD／月）	54.8	60.8	47.3	50.4	66.4	67.3	70.9	57.4
教育（小学校中退，%）	33 (82.5)	51 (70.8)	23 (88.5)	52 (66.7)	6 (42.9)	23 (74.2)	17 (77.3)	205 (72.4)
職業（農業，%）	39 (97.5)	66 (91.7)	22 (84.6)	77 (98.7)	13 (92.9)	28 (90.3)	22 (100)	267 (94.3)
出産年齢	28.5	26.0	27.8	28.0	27.5	29.8	27.5	27.7
出産回数	2.37	2.38	2.42	2.23	1.92	2.83	2.63	2.39
出産場所　（保健センター）	16	47	15	27	6	18	8	147 (52.3)
（病院）	10	35	7	38	8	10	11	99 (35.2)
（自宅／その他）	4	9	3	13	0	3	3	35 (12.4)
産前検診（4回以上）	35 (87.5)	66 (91.7)	19 (73.1)	64 (82.1)	12 (85.7)	26 (83.9)	19 (86.4)	241 (85.2)
産後検診（2日以内）	27 (67.5)	60 (83.3)	19 (73.1)	48 (61.5)	9 (64.3)	22 (71.0)	7 (31.8)	192 (67.8)
産前検診料金（USD）	0.37	0.71	0.53	0.50	0.15	0.66	0.23	0.51
出産費用（USD）	3.87	NA	NA	6.75	0.71	NA	2.15	4.79
医療機関までの交通費	NA	NA	NA	5.25	9	NA	10	5.92
妊娠／出産の情報源（数）	2.2	1.8	1.6	2.5	2.2	1.7	2.7	2.1
（家族）	3	9	6	16	2	5	4	45 (15.9)
（隣人）	25	41	18	54	8	23	12	181 (63.9)
（看護師）	33	51	16	57	9	25	20	211 (74.5)
（村長）	29	22	NA	46	12	NA	19	128 (45.2)
信頼度　（家族）	4.65	4.57	4.5	4.65	4.71	4.22	4.5	4.56
（隣人）	3.47	3.78	3.69	3.69	3.57	3.8	3.72	3.69
（僧侶）	4.77	4.70	4.92	4.78	4.71	4.87	4.72	4.77
（看護師）	4.65	4.49	4.88	4.56	4.71	4.58	4.59	4.59
功徳（金銭の付与）	5	6	5	7	6	8	4	41 (14.4)
社会参加（数）	1.8	1.11	1.15	2.08	1.08	1.35	1.77	1.62
（寺院／パゴダ）	0	6	4	0	3	1	0	14 (4.9)
（学校保護者会）	18	17	4	37	6	16	12	110 (38.8)
（葬儀扶助）	24	37	17	40	10	17	11	156 (55.1)

注）妊娠・出産の情報源数は，家族・隣人・看護師・村長・携帯・その他情報源の合計.

村の平均70.9USD／月が最も高く，DS村の平均47.3USD／月が最も低い．CL村は，家具製造の自営業を営む家計が調査では目立った．家計所得は，3択回答の階級値を，①30USD未満を15USD，②30-60USD未満を45USD，③60USD以上を75USDとして計算した．教育は小学校中退が72.4％を占める．DS村は小学校中退率が最も高く88.5％である．職業（複数回答）は，94.3％が農業に従事している．

　調査対象者の妊産婦検診の状況を見てみよう．最後に出産した時の平均年齢は27.7歳である．その際の出産回数は平均2.39回目の出産に当たる．出産場所は，保健センターが52.3％，病院が35.2％，自宅などその他が12.4％であり，全体の87.5％が医療機関で出産している．4回以上の産前検診の受診率が85.2％，2日以内の産後検診の受診率が67.8％である．産前検診の検診料は0.51USD／回であり，出産費用は4.79UDSである．検診や出産のために保健センターなどの医療機関に行く交通費は5.92USD／回であり，農村の場合には，検診料や出産費用よりも高くなる．妊娠・出産に関する情報（複数回答）は，家族・隣人・看護師・村長など2カ所以上から得ており，看護師（74.5％）や村長（45.2％）から情報を得ている場合が多い．村長を中心にした村の行政組織（サラドムナ）には妊産婦に情報を提供する機能もある．

　出産場所で多い保健センターについて見てみよう．CH村近郊にあるPongroleu保健センター（写真3-4）の場合，2階建ての建物の1階に出産施設と産後検診施設があり，2階は外来の診療医療施設になっている．妊産婦検診料は初回5000リエル（血液検査を含む）で2回目以降2000リエルである（2018年9月6日現在）．出産費用は10USD（2年前までは5USD）である．貧困認定（ID

2018.9.6 撮影

2018.9.6 撮影

写真3-4　保健センターと看護師

Poor）の場合は，妊産婦検診料も出産費用も無料である．看護師は，地域の妊産婦へ戸別訪問で検診・出産の情報を提供している．

　妊産婦の社会関係資本には，認知的社会関係資本と構造的社会関係資本がある．**認知的社会関係資本**に関係する家族・隣人・僧侶・看護師に対する信頼度については，5択回答を，①とても信頼を5，②やや信頼を4，③どちらでもないを3，④あまり信頼していないを2，⑤まったく信頼していないを1に定量化して計算した．家族に対する信頼度は4.56，隣人に対する信頼度は3.69，僧侶に対する信頼度は4.77，看護師に対する信頼度は4.59である．隣人よりも家族・僧侶・看護師に対する信頼度が高い．

　構造的社会関係資本に関係する社会参加については，葬儀扶助（55.1%）に参加したり，学校保護者会（38.3%）に参加したりしている．葬儀扶助は，葬儀の際に費用や催事を助け合う地域住民の相互扶助組織である．学校保護者会（学校支援委員会）は，2000年以降政府によって行われている教育改革の1つで，子供の就学支援や学校運営への住民参加である．寺院／パゴダへの参加（4.9%）は，家族の中でも高齢者が多く，調査対象者の参加は少ない．仏教の功徳を施したことがある者は14.4%（14人）である．功徳は，利他主義というよりは，自分自身が徳を積む行為である．

　以上をまとめると，調査対象者の社会経済的属性は，平均年齢が31.4歳で多くが農業に従事し（94.3%），教育水準は低く，小学校中退者が72.4%を占める．直近の出産年齢は27.7歳で，出産回数が平均2.39回目である．出産場所は，87.5%が保健センターや病院などの医療機関である．産前検診の受診率は85.2%であり，産後検診の受診率は67.8%である．妊娠・出産に関する情報は看護師や村長などから得ている．隣人よりも家族・僧侶・看護師に対する信頼度が高く，葬儀扶助や学校保護者会に参加している．功徳を施す者は少ない．

4　カンボジア農村の妊産婦検診の分析

4.1　仮説とモデル

　先行研究や記述統計の結果から，以下では次のような仮説を検証する．第1に，カンボジア農村における産前検診や産後検診の受診は，出産年齢や出産回数などの妊産婦の属性によって影響を受ける．第2に，妊産婦が受け取る情報源の相違は，産前検診や産後検診の受診に影響を及ぼす．第3に，社会関係資

本は，産前検診や産後検診の受診に影響を及ぼす．

　妊産婦検診の受診関数を以下のように想定する．被説明変数は，4 回以上の産前検診の受診と産後 2 日以内の産後検診の受診である．説明変数は，① 妊産婦の属性，② 妊産婦の情報源・社会関係資本，③ 村落の属性からなる．① 妊産婦の属性は，出産年齢，出産回数，出産場所，家計構成員数，家計所得などに分けられる．② 妊産婦の情報源・社会関係資本は，妊娠・出産に関する家族・隣人・看護師・村長からの情報入手，功徳の実施，家族・隣人・僧侶・看護師への信頼度，寺院／パゴダ・学校保護者会・葬儀扶助などの社会組織への参加などからなる．功徳の実施，家族・隣人・僧侶・看護師への信頼度は認知的社会関係資本の代理変数であり，社会組織への参加は構造的社会関係資本の代理変数である．③ 村落の属性は 7 村落をダミー変数によって区別する．推計はロジット分析で行った．

4.2　推計結果
1）産前検診

　妊産婦の産前検診について，**表 3-7** をもとに検討しよう．モデル 1 は出産年齢・出産回数・家計構成員数・家計所得を説明変数にしたものであり，モデル 2 は妊娠／出産の情報源・功徳・信頼度・社会参加を説明変数とし，モデル 3 は村落ダミーを説明変数にしたものである．モデル 4 は有意な説明変数を中心に推計し，モデル 5 はすべての説明変数を用いて推計したものである．

　モデル 5 を見ると産前検診では，出産年齢・出産回数・家計構成員数・家計所得・情報源 2（隣人）・情報源 3（看護師）・功徳・社会参加 2（学校保護者会）・社会参加 3（葬儀扶助）が有意な変数である．

　出産年齢・家計構成員数・家計所得・情報源 2（隣人）・情報源 3（看護師）・功徳の係数は正の値をとっている．したがって，以下のような関係が得られる．出産年齢が高く，家計構成員数が多く，家計所得が多いほど，産前検診をする確率は高くなる．妊娠・出産の情報源については，隣人や看護師から情報を得ていると，産前検診の受診率が高くなる．また功徳を施す人は受診率が高い．

　出産回数・社会参加 2（学校保護者会）・社会参加 3（葬儀扶助）の係数は負で有意である．よって，出産回数が多くなると，産前検診の受診率は低くなる．また社会参加 2（学校保護者会）や社会参加 3（葬儀扶助）は産前検診の受診率を低下させる．学校保護者会や葬儀扶助に参加すると，妊娠・出産に関する情報

表3-7　産前検診の推計結果

	モデル1 係数	モデル2 係数	モデル3 係数	モデル4 係数	モデル5 係数
出産年齢	0.0408 (0.0337)			0.0738** (0.0368)	0.0732* (0.0377)
出産回数	-0.5755*** (0.1606)			-0.6743*** (0.1862)	-0.6772*** (0.1901)
家計構成員数	0.3075* (0.1572)			0.3051* (0.1737)	0.3296* (0.1768)
家計所得	0.0273*** (0.0090)			0.0271* (0.0106)	0.0332** (0.0129)
情報源2（隣人）		0.7527 (0.5108)		1.0245* (0.5645)	1.0035* (0.5981)
情報源3（看護師）		1.1724*** (0.5018)		1.1125* (0.5786)	1.1376* (0.6061)
功徳		1.8321*** (0.7767)		1.5075* (0.8026)	1.6500** (0.8253)
社会参加1（寺院）		0.8443 (1.1004)			0.4166 (1.2945)
社会参加2（学校）		-0.9410*** (0.3765)		-0.6618 (0.4096)	-0.7225* (0.4339)
社会参加3（葬儀）		-1.4640*** (0.5856)		-1.8658*** (0.6567)	-1.9697*** (0.6962)
DS村			-0.6390 (0.8958)		0.1746 (1.1079)
RO村			-0.1431 (0.9065)		-0.2005 (1.0650)
CH村			0.6061 (0.8747)	1.2908** (0.5661)	1.6561 (1.0339)
CM村			0.0540 (0.9845)		-0.0105 (1.1198)
OL村			0.1541 (0.9010)	0.5171 (0.5594)	0.8934 (1.0342)
KS村			-0.2719 (0.8187)		0.7030 (0.9722)
観測数	279	281	282	279	278
疑似決定係数	0.1127	0.0961	0.0215	0.2108	0.2206
対数尤度	-103.31	-105.54	-114.40	-91.893	-90.632

注）村落ダミーの基準はTV村．***は1％，**は5％，*は10％の有意水準，括弧内の値は標準誤差を表す．
　　情報源1（家族）と家族・僧侶に対する信頼度の推計結果は記載を省略．

を出産経験者から得ることができるので，産前検診を受ける確率が低下する可能性がある．

モデル4は，モデル5において有意な変数を中心に推計し直したものである．このモデル4で特徴的なのは，新たに有意な変数がある点である．村落ダミー変数において，CH村の係数が正であるので，CH村は，基準村のTV村と比べ産前検診の受診率が高い．他方，社会参加2（学校保護者会）は有意な変数ではなくなった．

2）産後検診

産後検診について**表3-8**をもとに検討しよう．モデル1-5の内容は上と同じである．モデル5は，すべての説明変数を用いて推計したものである．有意な変数は，出産年齢・出産回数・産前検診・出産場所・情報源4（村長）・DS村・CH村である．産前検診とは異なる要因が，産後検診に影響している．

出産年齢・産前検診・出産場所・情報源4（村長）・DS村・CH村の係数は正の値をとっている．したがって，出産年齢が高いほど，産後検診の受診率は高くなる．産前検診を受けていたり，保健センターで出産していたりする場合には，産後検診の受診率が高い．また情報源が村長の場合に産後検診の受診率が高い．村長が，看護師と共に妊産婦宅を訪問しているのがその理由と思われる．DS村とCH村は，TV村と比べ産後検診の受診率が高い．他方，出産回数の係数の符号が負なので，出産回数が多くなると，産後検診の受診率は低くなる．

モデル4は，モデル5において有意ではない説明変数を順に外して推計したものである．このモデル4では，家計所得が新たに有意な変数になっている．家計所得は，産前検診だけではなく産後検診においても受診率を高める．

4.3　推計結果に関する検討

1）産前検診と産後検診の相違

産前検診と産後検診では異なる要因が受診率に影響している．産前検診では家計構成員数，家計所得，情報源2（隣人），情報源3（看護師），功徳，社会参加2（学校保護者会），社会参加3（葬儀扶助）が有意な変数であるが，これらの変数は，産後検診では有意ではない．産後検診では，産前検診，出産場所（保健），情報源4（村長）が有意な変数になっている．

第1に，妊産婦の属性を見ると，出産年齢や出産回数は共に有意な変数であ

表 3 - 8　産後検診の推計結果

	モデル1 係数	モデル2 係数	モデル3 係数	モデル4 係数	モデル5 係数
出産年齢	0.0569* (0.0312)			0.0741** (0.0341)	0.0762** (0.0341)
出産回数	-0.3859*** (0.1470)			-0.3772** (0.1501)	-0.4329*** (0.1628)
産前検診	1.2309*** (0.4006)			1.2058*** (0.4345)	1.1214** (0.4482)
出産場所（保健）	1.4736*** (0.3013)			1.4642*** (0.3295)	1.4938*** (0.3501)
家計構成員数	0.0940 (0.1032)				0.1040 (0.1129)
家計所得	0.0095 (0.0078)			0.0194** (0.0088)	0.0152 (0.0096)
情報源2（隣人）		0.4125 (0.3539)		0.6220 (0.4331)	0.5639 (0.4574)
情報源3（看護師）		0.3967 (0.3674)		0.5628 (0.4385)	0.5838 (0.4737)
情報源4（村長）		0.0438 (0.2718)		0.6179* (0.3495)	0.9749** (0.4162)
功徳		0.6753 (0.4198)			0.5496 (0.5323)
社会参加1（寺院）		-0.0663 (0.6387)			-0.3677 (0.9183)
社会参加2（学校）		-0.5527* (0.2834)			-0.3304 (0.3621)
社会参加3（葬儀）		-0.2234 (0.3977)		-0.6743 (0.4867)	-0.5963 (0.5114)
DS村			-0.6390 (0.8958)	1.5308** (0.6539)	2.0780** (0.9950)
RO村			-0.1431 (0.9065)		1.0546 (0.9333)
CH村			0.6061 (0.8747)	1.2813*** (0.4566)	1.9471** (0.8508)
CM村			0.0540 (0.9845)	-1.8484*** (0.5628)	-1.4106 (0.8801)
OL村			0.1541 (0.9010)		0.1145 (0.8182)
KS村			-0.2719 (0.8187)		0.5574 (0.7890)
観測数	279	280	282	278	278
疑似決定係数	0.1605	0.0251	0.0215	0.2448	0.2597
対数尤度	-145.99	-170.66	-114.40	-131.04	-128.45

注）村落ダミーの基準はTV村．***は1％，**は5％，*は10％の有意水準，括弧内の値は標準誤差を表す．
　　情報源1（家族）と家族・僧侶に対する信頼度の推計結果は記載を省略．

る．しかし，家計構成員数や家計所得は，産前検診では有意であるが，産後検診では有意ではない．産後検診では，産前検診の受診や保健センターでの出産が有意な変数になっている．産前検診や保健センターでの出産の際に，助産師などの指導によって産後検診の重要性を妊産婦は理解するだろう．よって，受診率が低い産後検診を促進するには，産前検診の受診率を高め，産後検診を受けやすい保健センターでの出産を促すことが重要になる．

　第2に，妊娠出産の情報源については，産前検診の場合には隣人や看護師の情報が有意な変数になっているが，産後検診では村長の情報が有意になっている．産後検診における村長の役割で重要なのは，産後検診の情報を直接与えるというよりは，そのような情報を提供する看護師を妊産婦に紹介することである．

　第3に，社会関係資本の役割は産前検診と産後検診では異なる．産前検診では，功徳の施しや，学校保護者会（社会参加1）や葬儀扶助（社会参加2）への参加が有意な変数である．しかし，産後検診では，このような変数はどれも有意ではない．産後検診で重要なのは，出産後の健康維持に関する直接的な情報を提供する保健センターの役割である．

　第4に，村落ダミーは，産前検診では有意な変数はないが，産後検診ではDS村とCH村が有意な変数になっている．村長の役割と村落ダミーに関係がある可能性があるが，明確な関係は分からない．CH村の場合には，村に至る幹線沿いにPongroleu保健センター（写真3-5）があり，受診しやすい環境にある．

2）先行研究との比較

　妊産婦検診に影響を及ぼす要因を先行研究と比較しよう．

　第1に，妊産婦の属性については，本章の結果は先行研究の結果とおおむね一致している．出産年齢が高くなると，産前検診と産後検診の受診率が高くなる．この結果は，Simkhada *et al.*（2008），Gabrysch and Campbell（2009），Sagna and Sunil（2012），Prusty *et al.*（2015）の結果と一致している．ただし，出産年齢の上昇が産前検診の受診率を低下させるという，カンボジア全体の一般的傾向（Ministry of Health 2015a）とは異なる．妊婦の出産回数が多いと，妊産婦検診の受診率が低下するという結果も，Simkhada *et al.*（2008），Gabrysch and Campbell（2009），Sagna and Sunil（2012）の結果と一致している．

　第2に，妊産婦の社会経済的属性については，家計所得が高い方が産前検診の受診率が高まるという結果は，Simkhada *et al.*（2008），Say and Raine（2007），Sagna and Sunil（2012），Prusty *et al.*（2015）の研究結果と同じである．家計構成員数が多い方が産前検診の受診率を高くするという結果は，Simkhada *et al.*（2008）と同じである．ただし，乳幼児がいる場合には，先行研究で指摘されているように受診率を低くする可能性がある（Gabrysch and Campbell 2009, Sagna and Sunil 2012, Prusty *et al.* 2015）．

　第3に，妊娠・出産の情報源や社会関係資本が妊産婦検診に及ぼす影響については，これまで十分に研究されてこなかった．この調査では，隣人や看護師の情報が産前検診に有意な影響を及ぼし，村長が産後検診に重要な役割を果たすことを明らかにした．また，学校保護者会や葬儀扶助のような構造的社会関係資本が有意な変数であることも分かった．ただし，このような社会参加は，看護師などの提供する情報と代替的に機能し，このような社会組織への参加が産前検診の受診率を低めている．学校保護者会や葬儀扶助のような構造的社会関係資本は情報伝達を媒介する組織である（Colman 1988）．地域の古い慣習がこのような構造的社会関係資本の中で共有されている可能性がある（Matsuoka *et al.* 2010）．

4.4　妊産婦検診の改善に向けて

　カンボジア農村における妊産婦検診について観測データをもとに実証的に分析した．主要な結論と含意は以下のように要約される．

　第1に，産前検診の受診には以下の要因が影響する．出産年齢が高く，出産回数が少なく，家計構成員数が多く，家計所得が高く，隣人や看護師から情報を得ており，功徳の施しを行う人ほど，産前検診の受診率が高くなる．他方，学校保護者会や葬儀扶助に参加している場合には，産前検診の受診率が低くなる．産前検診を改善するには，検診の意義や情報を提供する看護師の役割が重要になる．

　第2に，産前検診と同様に，出産年齢が高く，出産回数が少ないほど，産後検診の受診率は高い．しかし，産後検診には，産前検診と異なる要因が影響している．産前検診を受診し，保健センターで出産した人ほど，産後検診の受診率が高い．また産後検診には情報を伝達する村長が重要な役割を果たしている．産後検診を促進するには，産前検診の受診率を高め，産後検診を受けやすい保

健センターでの出産を促すことが重要になる．また看護師を妊産婦に紹介する村長（行政）の役割も重要である．

　第3に，妊産婦検診の受診には，妊娠・出産に関する妊産婦の情報源の相違や社会関係資本が影響している．隣人や看護師から情報を得ている場合には，産前検診の受診率が高く，村長から情報を得ている場合には，産後検診の受診率が高くなる．構造的社会関係資本である学校保護者会や葬儀扶助への参加は，産前検診についての従来からの慣習が看護師の情報と代替的に機能し，産前検診の受診率を低下させる可能性がある．看護師や保健センターによる妊産婦教育の役割が重要になる．

いっそうの議論のために

問題1　SDGs目標③の内容と2030年までのターゲットについて確認し，現在の国際社会の到達状況を調べなさい．

問題2　カンボジア農村の妊産婦検診の調査における調査対象者の社会経済的属性について確認し，産前検診と産後検診に影響する要因を説明しなさい．

問題3　カンボジア農村における妊産婦検診において，社会関係資本の果たす役割について検討しなさい．

❗ 議論のためのヒント

ヒント1　2030年までのターゲットについて，特に妊産婦死亡率，新生児死亡率，5歳未満児死亡率の具体的な数字と現在の到達状況を確認しよう．

ヒント2　調査対象者について，年齢，教育水準，出産年齢，出産回数，出産場所，産前検診の受診率，産後検診の受診率，情報源などを見てみよう．産前検診と産後検診に影響する要因は異なることに注意しよう．

ヒント3　社会関係資本には，認知的社会関係資本と構造的社会関係資本がある．特に，学校保護者会や葬儀扶助が果たす負の役割について考えてみよう．

第4章 医療保険
――農村のマイクロ医療保険――

2020.6.22撮影（サムナン）

シェムリアップ市内の看護師

――――― この章で学ぶこと ―――――

　本章では，SDGsの医療保健，カンボジアの医療保険，カンボジア農村のマイクロ医療保険需要について学ぶ．
　第1に，SDGsの医療保健では，ユニバーサル・ヘルス・カバレッジ（UHC）とは何か，SDGsでUHCが採り上げられた経緯，MDGsの成果と課題，SDGsの目標とターゲットについて明らかにする．
　第2に，カンボジアの医療保険では，カンボジアの医療財政と貧困層向けの医療保障について検討する．医療費の政府負担が少ないこと，患者の自己負担比率が大きいこと，貧困層向けの医療保険が実施されていることを明らかにする．
　第3に，カンボジア農村のマイクロ医療保険需要では，以下の点を明らかにする．①カンボジア農村におけるマイクロ医療保険の購入意志は，保険料の支払意志額とは異なる要因によって決定される．②家計所得や健康状態および医療機関のサービスは，医療保険の購入意志や保険料の支払意志額に影響を及ぼす．③マイクロ医療保険の需要には，利用する医療機関や医療費の支払方法が影響している．

Keywords
ユニバーサル・ヘルス・カバレッジ（UHC）　アルマ・アタ宣言　プライマリー・ヘルス・ケア　アブジャ宣言　疾病や不健康の負の外部効果　人間の安全保障　貧困層向け医療保障　マイクロ医療保険　地域医療保険（CBHI）　逆選択問題　公平な医療基金（HEF）　リスク回避　仲間効果　保険の信頼性　自己保険　リスク共有ネットワーク　医療保険の購入意志　医療保険料の支払意志額　医療費の支払方法

1 SDGsの医療保健

1.1 ユニバーサル・ヘルス・カバレッジ

　すべての人は健康に生きる権利を持っている．また何らかの事情で健康が損なわれた場合には，保障を受ける権利がある．1948年の世界人権宣言では，「すべて人は，衣食住，医療および必要な社会的施設等により，自己および家族の健康と福祉に十分な生活水準を保持する権利ならびに，失業・疾病・心身障害・配偶者の死亡・老齢その他不可抗力により生活ができない場合は，保障を受ける権利を持つ」（United Nation 1948）とある．

　すべての人が健康に生きる権利を確立するために，2012年の国連総会で，ユニバーサル・ヘルス・カバレッジを推進する決議が行われた．**ユニバーサル・ヘルス・カバレッジ**（Universal Health Coverage：UHC）とは，すべての人が適切な健康増進・予防・治療・リハビリなどに関するサービスを，支払い可能な費用で受けられるというものである．WHOによると，世界人口の半数の人々が基礎的な保健サービスを受けることができていない．また多くの世帯が，医療費の自己負担が原因で貧困に陥っている．医療費の自己負担比率が10%以上の人口は8億人に上り，そうした医療費の支出のために，1億人近くが1日わずか1.9ドル未満の生活を余儀なくされている（WHO 2017b）．

　UHCには，健康に生きる権利をすべての人に保障するだけではなく，**疾病や不健康の負の外部効果**を抑制するという役割がある．国境を越える人の移動が急激に拡大した今日，発展途上国で発生した感染症は地球規模で拡散する可能性がある．例えば，2019年末に中国で発生した新型コロナウイルス感染症（COVID-19）は世界中に拡散し，2020年11月29日現在，感染者は6164万5535人，死者は144万2664人（ジョンズ・ホプキンス大学集計）に達した．同年6月以降，感染拡大は，ブラジルやインドなど新興国や発展途上国の割合が増大し，新たな局面に入った．発展途上国における疾病抑制や健康促進は，他の諸国の人々の健康維持にもつながる．

　UHCの推進において重要な点は以下の3点である．① 対象者：すべての貧困層が対象になっているのか，地域や宗教および民族などによって対象者に制約や差別がないか．② 医療サービスの範囲：必要な診療や治療などのサービスの内で，どのようなサービスがUHCの対象として受けられるのか．③ 医療

費の負担：必要な医療費の中で診察・治療・薬剤などの費用がどこまでUHC
の対象になっているのか.

1.2　SDGsに至る経緯

　2000年9月に国連総会で採択されたMDGsは，個別の疾病や課題を取り上
げたが，UHCについては議論しなかった．UHCの概念が国際社会の開発目標
の中に取り入れられたのはSGDs以降である．SDGsのUHCに至る経緯につい
て見てみよう.

　1978年，WHOとUNICEFの国際会議において**アルマ・アタ宣言**が出された．
この宣言では，2000年までにプライマリーヘルス・ケアによってすべての人に
健康を保障することを掲げた．**プライマリーヘルス・ケア**とは，子供の予防接
種，下痢症の早期治療，妊産婦検診，栄養指導など，費用をかけずに，専門医
がいなくても可能な，地域に密着した予防的な公衆衛生活動や基本的な医療活
動である（青山・原・喜多 2001）.

　しかし，1970年代から80年代にかけて，発展途上国の財政が悪化し，緊縮的
な財政政策を伴う構造調整政策が実施されると共に保健医療分野の予算が縮小
された．このようなネオリベラリズムによる公的医療の縮小は，患者の自己負
担を増大させた．こうした政策変化の影響は特に貧困層において深刻であった．
貧困層の医療費の支払困難や医療サービスの利用低下をもたらした．また医療
費の支払のために借金や貧困化を引き起こし，さらには疾病の拡大や健康悪化
につながった.

　貧困層の保健医療サービスが悪化する中で，患者の自己負担ではなく政府予
算による保健医療サービス提供への政策転換が行われた．2001年，アフリカ連
合は，MDGsの達成に向けて少なくとも国家予算の15％を保健医療分野に向け
るよう促す**アブジャ宣言**を採択した．しかし，その後の10年間で目標を達成し
たのはルワンダと南アフリカだけであった．2018年現在では，加盟55カ国のう
ちこの目標を達成しているのはマダガスカルとスーダンの2カ国にすぎない.

　UHCが国際社会で積極的に提唱されたのは2005年5月のWHO総会であり，
UHCの認知度を国際的に高めたのは，2010年の世界保健報告（WHO 2010）で
ある．UHCは，すべての人が，適切な健康増進・予防・治療・リハビリなど
に関するサービスを，支払可能な費用で受けられることである．UHCは，経
済的理由による受療の機会の制約を取り除いたり，受療による貧困化を防いだ

2020.6.27撮影（サムナン）　　　　　　　　　　　　　　　　　2018.3.15撮影

写真4-1　シェムリアップ市内の公立病院と薬局

りすることによって，**人間の安全保障**を確立するための重要な手段であるとされた．

　国連総会では，UHCに関する決議が継続的に行われてきた．2012年6月，持続可能な国連会議（リオ+20）において，健康だけではなく社会的凝集性・経済成長・開発においてUHCが果たす役割が強調された．また2013年12月の国連総会では，UHCに焦点をあてた「グローバルな健康と外交」（United Nations 2013）が決議され，UHCの重要性が確認された．この決議のフォローアップ行動において，MDGs後の国際社会の新たな共通目標（ポスト2015開発アジェンダ）にUHCの実現が含められた．

　SDGsの採択後，2017年7月の国連総会では，①「必要不可欠な公共医療サービスの適用範囲」と，②「家計支出に占める健康関連支出が大きい人口の割合」をSDGsにおけるUHC指標とすることが決まった．UHC達成のためには，保健医療サービスが身近に提供され，保健医療サービスの利用にあたって費用が障壁とならないことが重要であるからである．日本政府は，2015年9月に発表した「平和と健康のための基本方針」（外務省 2015）の中でUHCの推進を政策目標や基本方針として掲げている．

1.3　MDGsの成果と課題

　MDGsの保健衛生に関する目標は，目標④「乳幼児死亡率の削減」，目標⑤「妊産婦の健康改善」，目標⑥「HIV／エイズ，マラリアなどの疾病の蔓延防止」であった．目標⑥の成果を見ると，HIVの感染は，2000年から2013年に40％減

少し，感染者数は，350万人から210万人に減少した．殺虫剤処理済みの蚊帳が，2004年から2014年の間にサハラ以南アフリカに9億以上配布され，620万人以上がマラリアによる死を免れた．結核の予防・診断・治療によって2000年から2013年の間に3700万人以上の命が救われた（United Nations 2015a）．

　しかし，これら3つの目標の関係は明確ではなかった．また全体として保健衛生において何を達成しようとしているのかも明確ではなかった（蟹江 2017）．このような状況において保健衛生の分野で全体的な達成目標を明確にしたのは，2010年のWHOの世界保健報告（WHO 2010）を踏まえたUHCの概念である．SDGsの目標③はそれを具体化したものである．すべての人の健康と福祉を目標にするという点で，SDGsは，個別の疾病や課題を採り上げ，その数値目標の改善を目標にしたMDGsとは異なっている．

1.4　SDGsの目標とターゲット

目標③ すべての人に健康を確保し，福祉を促進しよう

　この目標達成のために医療関係では，以下のような2030年までのターゲットが設定された．エイズ・結核・マラリアや顧みられない熱帯病といった伝染病を根絶すると共に，肝炎・水系感染症やその他の感染症に対処する（tgt.3.3）．非感染性疾患による若年死亡率を3分の1減少させ，精神衛生や福祉を促進する（tgt.3.4）．薬物乱用やアルコールの有害な摂取などの防止や治療を強化する（tgt.3.5）．財政リスクからの保護，質の高い基礎的な保健サービスへのアクセス，安全で安価な必須医薬品とワクチンへのアクセスを可能にするようなUHCを達成する（tgt.3.8）．大気・水質・土壌などの環境汚染による死亡や疾病を大幅に減少させる（tgt.3.9）．

　目標達成のために次のような開発支援をする．たばこの規制に関するWHO枠組条約の実施を強化する（tgt.3.a）．感染性・非感染性疾患のワクチンや医薬品の研究開発を支援する．安価な必須医薬品やワクチンへのアクセスを提供する（tgt.3.b）．特に後発発展途上国や小島嶼発展途上国において，保健財政を支援し，保健人材の採用・能力開発／訓練・定着を大幅に拡大させる（tgt.3.c）．世界規模の健康危険因子の早期警告，危険因子の緩和，危険因子の管理のための能力を強化する（tgt.3.d）．

2　カンボジアの医療財政と貧困層向け医療保障

2.1　カンボジアの医療財政

　カンボジア政府は，2003年以降，保健医療戦略を計画・改定し，2016年に「第3次保健医療戦略計画2016-2020」を策定した（WHO 2015b, 2016, Ministry of Health 2016b）．この第3次の戦略計画では，優先分野の1つに保健システムの強化が追加され，医療保障の拡大によるUHCの達成を目標とした．

　しかしカンボジアの医療費支出は，政府負担が少なく，患者の自己負担比率が高く，医療保険はきわめて少ない．表4-1は，カンボジアの医療財政（2014年）に関する指標を表す．政府予算は31億8700万USDで，この内，保健医療予算は2億4100万USD（7.6%）である．医療費の支出総額は，10億4200万USDで，この内，政府予算が1億9300万USD（18.3%），開発パートナーが1億9100万

表4-1　カンボジアの医療財政に関する指標（2014年度）

		指標
1．マクロ経済指標	GDP（100万USD）	18,040
	GDP／人口（USD）	1,188
2．政府予算	政府予算総額（100万USD）	3,187
	政府予算／GDP（%）	17.7
3．保健・医療予算	保健・医療予算総額（100万USD）	241
	保健・医療予算／GDP（%）	1.3
	保健・医療予算／政府予算（%）	7.6
4．医療費支出総額	医療費支出総額（100万USD）	1,042
	① 政府予算	193（18.3%）
	② 開発パートナー	191（18.3%）
	③ 患者	658（63.2%）
	④ 医療保険	3（0.2%）
5．医療費／人口	医療費総額（USD）	68.7
	① 政府予算	12.7
	② 開発パートナー	12.6
	③ 患者	43.4
	④ 医療保険	NA

注）医療保険の支出額は2012年度．
出所）Ministry of Health（2014, 2015b）.

表 4 - 2　　医療費支出の国際比較（2012年度）

国名	医療費支出／GDP	政府負担率	患者自己負担率	政府医療費比率
カンボジア	7.2	19.3	60.3	6.5
ミャンマー	1.8	23.9	71.3	1.5
フィリピン	4.6	37.7	52.0	10.3
インドネシア	3.0	39.6	45.3	6.9
ベトナム	6.6	42.6	48.8	9.5
ラオス	2.9	51.2	38.2	6.1
マレーシア	4.0	55.0	34.9	5.8
タイ	3.9	76.4	13.1	14.2

注）単位は%．政府医療費比率＝政府医療費支出÷政府予算．
出所）Ministry of Health（2014）．

USD（18.3%），患者自己負担が 6 億5800万 USD（63.2%），医療保険が300万 USD（0.2%）である（Ministry of Health 2015b）．医療費の高い自己負担を原因とした 1 日1.9ドル未満のカンボジアの貧困率（2009年）は2.99％である（WHO 2017b）．

　表 4 - 2 は，東南アジア諸国における医療費支出（2012年度）を比較したものである（Ministry of Health 2014）．カンボジアの医療費支出（対GDP比）は7.2％で最も高い．医療費支出の政府負担率は19.3％で最も低い．これに対して，患者自己負担比率は，ミャンマーに次いで高く60.3％である．カンボジアの患者自己負担比率は，10年以上にわたって60％を超えて推移し，2011年以降上昇している．政府の医療費支出が政府予算に占める割合は6.5％であり，これはミャンマー・マレーシア・ラオスについで 4 番目に低い．

2.2　カンボジアの貧困層向け医療保障

　カンボジアにおける貧困層向けの医療保障について検討しよう．医療費の高い患者負担は貧困家計の生活を圧迫する．貧困層向けの医療保障は，家計の医療費負担を軽減し，質の高い医療へのアクセスを可能にする（Ensor *et al.* 2017）．表 4 - 3 は，貧困層向けの 3 つの医療保障，① マイクロ医療保険，② 公平な医療基金（Health Equity Fund：HEF），③ 貧困層への医療補助（SUB）を表す（Ministry of Health 2015b, JICA 2016）．

表4-3　カンボジアの貧困層向け医療保障

	地域医療保険（CBHI）	公平な医療基金（HEF）	貧困層への医療補助（SUB）
設立年	1998年	2000年	2006年
管理／運営	NGO，住民組織	HEF運営機関	医療機関
特徴	コミュニティを基礎にNGOや住民組織によって運営される非営利医療保険	貧困認定（ID Poor）世帯を対象とした医療扶助	貧困層の医療費負担の軽減と公的医療サービスの利用促進を目的とした貧困層向けの医療補助
対象	貧困認定（ID Poor）されていない貧困層	貧困認定（ID Poor）世帯.① 計画省の事前認定制度と② HEFによる事後認定制度がある.	公立医療機関によって認定された貧困世帯
加入者（裨益者）	約11.8万人（2016年）	約320万人（2015年）	NA
財源	保険料収入と開発パートナーの資金	政府資金40%，開発パートナー資金60%（2015年）	政府資金と医療機関負担
対象機関	公立医療機関	公立医療機関（1069保健センター，138地方病院）（2015年8月現在）	公立医療機関
医療保障の内容	実施団体により異なる.医療費は，保障対象に制限がある.	入院・外来の医療費，交通費，入院患者介護者への食費，葬儀費	医療費全額
保険料	実施団体が独自に設定	無料	NA
課題	① 保障単位が小規模なため，徴収できる保険料が少ない. ② 任意加入のため，逆選択問題が生じる. ③ 収入源が基本的に保険料のみで，政府からの助成がない.	① 貧困認定が煩雑でコストがかかる. ② 低い利用率が課題であるが，利用率が上がると政府の財政負担が増加する. ③ 非感染症疾患患者の増加に伴い，外来診療費が増加.	SUBでカバーされる医療費の上限は20USD. それを上回った費用は医療機関が負担する必要がある.そのため，医療機関は対象患者の受け入れに消極的.

出所）WHO（2015b），JICA（2016）.

1）マイクロ医療保険

　マイクロ医療保険は，医療費負担削減と質の高い医療サービスの提供を目的にした貧困層向けの小口医療保険である．この保険は，民間保険会社やNGO／住民組織などの保険事業者によって提供される．カンボジアでは，NGO／住民組織による**地域医療保険**（Community-Based Health Insurance：CBHI）が重要な役割を果たしている．

2017.9. 8 撮影　　　　　　　　　　　　　　　　　　　　2019.3.20撮影

写真 4 - 2　郊外の薬局／雑貨店

　CBHIは，コミュニティを基礎としてNGOや住民組織が運営する任意の非営利医療保険である．加入者から保険料を徴収し，公的医療機関で提供される医療サービスに対する診療・治療費を給付する．1998年に，最初のCBHIであるSKY（Sokapheap Krousat Yeugn「家族の健康」）がフランスのNGOであるGRETによって開始された（Levine *et al.* 2010）．CBHIは，2014年現在，11州20保健行政区において20のスキームが実施され，13万9971人が加入し，公立病院21と保健センター183が参加している（Ministry of Health 2015b）．更新手続きがあるので，加入者や利用件数などは年によって変動する．

　CBHIには，保険料と財政に関して以下のような課題が指摘されている（JICA 2016）．第 1 に，加入者が貧困層で，保障単位が小規模なので，徴収できる保険料収入が少ない．保険料は， 1 人年間2.5-18USDである． 1 カ月に換算すると 1 人0.2-1.5USD（800-6000リエル）になる．第 2 に，健康に不安がある者や危険リスクの高い職業従事者など，医療サービスを必要とする者の加入が多く（**逆選択問題**，Banerjee *et al.* 2014），財政支出が増大する．第 3 に，政府からの助成がなく，保険料収入に依存しているので，開発パートナーからの支援がないと，財政的に困難に陥る可能性がある．

2 ）公平な医療基金（HEF）

　公平な医療基金（HEF）は，貧困世帯の医療費の自己負担比率の削減を目的とし，貧困認定（ID Poor）世帯を対象とした政府の医療扶助制度である（Ministry of Health 2014, 2015b, WHO 2015b）．2000年に設立され，2015年 8 月現在の裨益人口は，約320万人と推定されている．扶助対象者は，政府の計画省によって認

定された貧困認定世帯か，医療機関受診時に事後的にHEF機関に認定を受けた貧困世帯である．事前の貧困認定は3年間有効である．

　HEFの財源は，カンボジア政府の資金が40％，開発パートナー（World BankやUNICEFなど）の資金が60％である．HEFの資金は，保健省が管理し，HEF事務局を経由して病院や保健センターに医療費として支払われる．HEFのサービスを提供する医療機関は，公立の医療機関であり，保健センターが1069カ所，地方の公立病院が138カ所である．

　貧困認定世帯への医療サービスは以下の通りである．入院／外来の診療・治療は無料で行われる．医療機関までの交通費が給付される．薬剤は，一部の除外品以外は無料で提供される．入院患者の介護者に対して食費の補助や葬儀費用なども給付される．

　HEFは，多くの貧困世帯の医療費補助に貢献し，貧困世帯の医療費の借入額を25％削減したという報告がある（Flores *et al.* 2013）．しかし以下のような課題も指摘されている．第1に，貧困認定が煩雑でコストがかかる．第2に，医療サービスの利用率が上昇すると，政府の財政負担が増大する．第3に，HEFによる非感染症疾患（糖尿病や高血圧など）の患者の増大に伴い，外来診療費が増大している．

3）貧困層への医療補助（SUB）

　この制度は，貧困層の医療費負担の軽減と公立医療機関の利用促進を目的に，2006年にカンボジア政府が定めた貧困層のための医療費全額免除制度である．

2017.9.5 撮影　　　　　　　　　　　　　　　　2017.9.5 撮影

写真 4 - 3　Pongroleu保健センターと治療費

国立病院6カ所，8州の地方公立病院12カ所，保健センター52カ所で導入されている（Ministry of Health 2015b）．

　この制度の医療費免除額の上限は20USDである．20USD以上の医療費は医療機関が負担することになっている．そのため，医療機関は，通常は貧困認定（ID Poor）によるHEFの利用を奨励している．貧困認定（ID Poor）の資格がない貧困者の場合に，SUB貧困の認定を検討し，SUB貧困者として認められれば，この制度が適用される．

4）シェムリアップ州の事例

　アンコールチュム共済医療保険（STSA）は，2010年以降シェムリアップ州で活動しているCBHIである（JICA 2016）．3郡行政区，26コミューン，250村落を管轄する．管轄区域には，公立病院2カ所と保健センター21カ所がある．域内人口は22万4904人，貧困認定者4万8311人，STSA登録は130村落，3万6000人（人口の約16%）である．STSAの加入条件は，村落単位または家計単位である．

　STSAの給付対象は，一部の疾病を除きすべての診療費，通院のための交通費，葬儀費用などである．診療費は，国公立病院や保健センターなど医療機関によって異なる．例えば，公立病院の場合，入院15USD，分娩5USD，外来（特定慢性疾患）2.5USD，その他の外来1.5USD（保健センターでは1.5USD）である．

　STSAには，2010～13年の間，開発パートナーとしてUSAID／URC（NGO）が支援していた．USAID／URCは，STSAを村落単位の保険のパイロット事業として支援した．STSAへの加入は，村民の30％以上の参加が条件である．村落単位の保険事業は逆選択問題の軽減策として期待された．健康な村民の加入が増加し（逆選択問題の回避），村内の世帯加入率が上昇すると，保険料は安くなる．しかし，十分な成果が得られず，その後USAID／URCの支援は打ち切られた．

3　カンボジア農村のマイクロ医療保険の調査

3.1　マイクロ医療保険の先行研究

　マイクロ医療保険に関する先行研究について検討しよう．マイクロ医療保険の需要に関する文献調査には，Ekman（2004），Matul *et al.*（2013），Platteau *et al.*（2017）などがある．ここでは，1）個人の行動特性と知識，2）保険商品の特性，3）保険の信頼性，4）保険の代替という点から検討する．

1）個人の行動特性と知識

保険に関する個人の行動特性と知識について，リスク回避，仲間効果，保険のリテラシーと教育という点から見てみよう．

リスク回避：不確実性下の意志決定を考察する期待効用理論によれば，リスク回避的な個人は，不利なショックの程度を緩和するために，保険に加入する．リスク回避度が高い個人ほど，保険需要が大きく，保険料の支払額も高くなる．反対に，リスク愛好的な態度（ギャンブル選好）は，保険需要を低下させる（Ito and Kono 2010）．

発展途上国では，リスク回避と保険需要には負の関係が見られる（Giesbert *et al.* 2011）．リスク回避的な個人は，保険自体をリスクなものと見なす場合がある．保険に対する信頼性の欠如，例えば保険事業者の契約不履行や保障の延滞などがあると，保険に対する需要（更新）が低下する．リスク回避的な個人の場合，過去のショックの経験や保険事業者との関係が保険需要に影響を及ぼすことがある．

仲間効果：親戚縁者や村落内の知り合いなど，仲間の行動は保険需要に影響する．コミュニティのメンバーや友人が保険を購入すれば，保険や保険事業に対する信頼性を高め，保険購入の意志決定に影響を及ぼす．このような仲間効果は宗教によって媒介・増幅される場合がある．カンボジアでは，仏教寺院の読経集会がこのような仲間効果の環境を作っている（Yagura 2013a, 2013b）．

保険のリテラシーと教育：保険に関するリテラシーはその需要に影響する（Bonan *et al.* 2017）．保険の誤った理解は保険需要を抑制する．保険教育は，保険の需要を高める可能性がある．ただし，保険の理解が深まると，逆に，現実の保険商品の不十分さ故に，保険需要が減少する場合がある（Platteau and Ontiveros 2013）．よって，保険のリテラシーは，保険に対する理解を深めることはできるが，保険の需要を高めるか否かは明確ではない．

2）保険商品の特性

保険料や保障内容などの保険商品の特性は保険需要に影響を及ぼす．

保険料と取引費用：保険料は保険の需要に影響を及ぼすが，それだけでは保

険の需要を十分に説明できない．保険料の引き下げは保険需要を増大する．保険契約に伴う取引費用も需要に影響を及ぼす．保険請求手続きの煩雑さや，保険料の支払や保険サービスの受け取りに伴う時間やコストなどが，保険料を実質的に高くしている(Thornton *et al.* 2010)．また更新手続きに関する情報不足は，保険の更新に影響する．

契約／保障の内容：保険の保障内容は需要に影響する．医療費の保障回数が少ないと需要が減少する．他方，保障回数を増やすと，保険料が高くなり，保険需要を減らす．このような問題を回避するために，軽い病気・ケガの場合には保障回数を増やし，重篤な病気・ケガの場合には保障回数を限定する場合がある．また保健センターや病院までの交通費が保障内容に含まれるか否かは，貧困層にとっては重要である．保障内容については，簡潔さと柔軟性の組み合わせが保険需要に影響する．

医療サービスの質：保健センターで病気やケガの治療を受ける場合，そこでの医療サービスの質や医療スタッフ(看護師)の態度などが保険需要に影響する．発展途上国の場合，地域住民が受ける医療サービスは概して十分ではなく，また医療スタッフも少なく，その対応も適切さを欠く場合がある（デュフロ 2017）．

3）保険の信頼性

保険は，保険料を先に支払い，後から保険サービスを受け取る．このような保険の手続きにおいて，保険の商品自体，保険事業者，保険の勧誘や保険料の受け取り担当者に対する信頼性の問題が発生する．

第1に，保険商品自体の信頼性とは，病気・ケガの際に，契約通りの診療や治療が受けられるかどうかである．第2に,保険事業者や保険制度の信頼性は，NGOや企業および政府に対する信頼性である（Ozawa and Walker 2011）．他の事業での取引関係や，保険サービスの享受実績は，保険事業者に対する信頼性に影響する．第3に，信頼できる仲介者の関与，例えば地域の顔見知りや友人の勧誘は，保険の信頼性を高める．法制度が脆弱な発展途上国では，行為主体間の日常的な信頼関係が保険契約において重要になる．インフォーマルな地域の社会的ネットワーク（社会関係資本）は信頼性を担保する媒体になる．

4）保険の代替

疾病やケガのリスクに対処するには，保険以外に所得・資産（貯蓄）・借入れ

やリスク共有ネットワークなどの代替が存在する.

　所得・資産・借入れ：所得・資産や借入れは流動性制約を緩和し，保険需要に影響を及ぼす．第1に，所得の保険需要への影響は，所得効果と代替効果があり，明確ではない．所得の増大は，一方では所得効果によって保険需要を高める．しかし他方で，所得には**自己保険**（self-insurance）の機能があり，所得の増大は，保険需要を減少させるという代替効果がある（Giesbert *et al.* 2011）．低所得者は所得効果によって保険需要を高めるが，高所得者は代替効果によって保険需要を減少させる可能性がある．

　第2に，資産（貯蓄）や資金借入れには，不完全な自己保険の機能があり，保険需要を高めるか否かは明確ではない．資産（貯蓄）があったり，資金の借入れが可能であったりする場合には，病気やケガに対して事前に保険に加入しなくても，事後的に対処することができる（自己保険）．ただし，資産（貯蓄）や借入れの大きさによってリスクへの対応は制限される．保険には，リスク対応に必要な資産（貯蓄）や借入れを減らす機能がある．

　リスク共有ネットワーク：相互主義や利他主義に基づく地域の相互扶助は，インフォーマルなリスク共有＝保険の機能を果たす（Fafchamps and Lund 2003）．地域の相互扶助は，参加者が互いに知り合いで，保険よりも情報コスト上の優位性がある．ただし，保障規模が小さく，リスク対応の範囲が限定され，大きなショックへの対応は難しい．

　インフォーマルなリスク共有ネットワーク（社会関係資本）は，マイクロ医療保険と代替的な場合も補完的な場合もある．代替的な場合には，マイクロ医療保険への参加は低下する．他方，既存の相互扶助が十分な保険機能を持たない場合には，医療保険が相互扶助に組み入れられ，両者が補完的になる場合がある．この場合，地域の相互扶助組織は，保険の信頼性を高め，取引費用を削減する媒体になる（Janssens and Kramer 2016）．

3.2　調査概要とデータ

　調査地は，シェムリアップ州チクレン郡（Chi Kraeng District）の6村落である．聞き取り調査は，2017年9月2日から9日に実施した．調査対象者は270世帯である．調査時点においてこの地域には，政府の医療扶助制度である公正な医療基金（HEF）の利用者はいるが，マイクロ医療保険は存在していない．村落の各世帯を訪問し，個別対面方式によって聞き取り調査を行った．

この調査では，貧困層向けの医療保険の仮想的なプロジェクトを想定し，調査対象者にそのプロジェクトへの参加を質問した．主要な質問項目は以下の2点である．第1に，医療保険を購入したいと思うか．第2に，医療保険を購入したいと回答した場合に，保険料の支払意志額はいくらか．保険料の支払意志額（1人1カ月）については，①0.25USD未満，②0.25-0.5USD未満，③0.5USD以上の3択選択方式で回答を求めた．為替レートの換算は，おおよそ1USD＝4000リエルである．カンボジア農村ではドル化が進み，USDが一般的に流通している．この保険料の設定については，先行研究（Levine *et al.* 2010, 2016, Fukui and Miwa 2016）を参考にした．

表4-4は，村落ごとの医療保険の購入意志と保険料の支払意志額を表す．医療保険の購入意志があると回答したのは238人（88.1％）である．保険料の支払意志額は，各階級値を，①0.25USD未満を0.1USD，②0.25-0.5USD未満を0.4USD，③0.5USD以上を0.8USDとして計算した．1人当たり1カ月の保険料の支払意志額は平均0.32UDドル（＝1280リエル）である．これはペットボトル（500ml）の水1本くらいの金額である．

医療保険の購入と保険料の支払意志額には村落間で相違がある．医療保険の購入意志は，OL村の97.2％が最も高く，TV村の94.4％がそれに続き，DS村の80.0％が最も低い．医療保険の支払意志額は，DS村の0.55USD（＝2200リエル）が最も高く，RO村の0.45USDがそれに続き，KS村の0.18USDが最も低い．DS村とRO村は，購入意志は低いが，支払意志額は多い．両村とも，家計の平均月収が他の村落を上回っている．

表4-5は，各村落の調査対象者の社会経済的属性を表す．270人の調査対象

表4-4　医療保険の購入意志と保険料の支払意志額

村名	保険購入意志	支払意志額	標準偏差	最小値	最大値
OL村	35（97.2）	0.24	0.25	0.1	0.8
CH村	61（85.9）	0.38	0.33	0.1	0.8
DS村	24（80.0）	0.55	0.33	0.1	0.8
KS村	56（88.9）	0.18	0.18	0.1	0.8
TV村	34（94.4）	0.25	0.28	0.1	0.8
RO村	28（82.3）	0.45	0.35	0.1	0.8
全村	238（88.1）	0.32	0.30	0.1	0.8

注）保険購入意志は人数，括弧内は％．保険料の単位はUSD．1USD=4000リエル．

者の内，男性が105人，女性が165人である．平均年齢は42.9歳であり，家計構成員数は平均5.0人である．その内60歳以上の人数が平均0.4人，子供の人数は平均1.1人，5歳未満の人数は平均0.7人である．家計所得は，出稼ぎの仕送り

表4-5　社会経済的属性の記述統計

変数		OL村	CH村	DS村	KS村	TV村	RO村	全村
観測数		36	71	30	63	36	34	270
性別	（男性）	12	12	12	53	7	9	105
	（女性）	24	59	18	10	29	25	165
年齢		45.3	42.8	42.8	39.5	48.4	41.6	42.9
家計構成員数		5.1	4.9	5.3	5.1	5.1	4.7	5.0
	（60歳以上人数）	0.3	0.4	0.6	0.3	0.6	0.5	0.4
	（子供人数）	1.4	1.1	1.0	1.1	1.0	1.1	1.1
	（5歳未満人数）	0.6	0.6	1.0	0.7	0.6	0.9	0.7
家計所得（USD／月）		39.1	26.1	45.0	31.2	41.7	45.9	35.7
貧困認定（ID Poor）（%）		31 (86.1)	36 (50.7)	18 (60.0)	34 (53.9)	27 (75.0)	17 (50.0)	163 (60.0)
教育	（小学校中退，%）	35 (97.2)	63 (88.7)	26 (86.7)	51 (80.9)	29 (80.5)	29 (85.2)	233 (86.3)
	（小学校卒業以上）	1	7	4	12	7	5	36
職業	（農業，%）	32 (88.9)	66 (92.9)	27 (90.0)	62 (98.4)	35 (97.2)	26 (76.4)	248 (91.9)
	（林業）	0	6	1	2	2	4	15
	（出稼ぎ）	8	5	3	7	17	1	41
	（その他）	17	17	9	22	13	16	94
家計の病気・ケガ人数		1.66	1.69	1.30	1.45	1.50	1.32	1.51
医療機関での治療人数		27	56	27	41	28	25	204
治療費（USD）		197.2	169.6	152.8	128.7	164.2	200.0	166.2
治療費支払方法	（現金）	19	38	13	33	11	14	128
	（借金）	23	40	17	30	26	20	156
	（資産売却）	14	18	13	13	6	15	79
医療機関	（公立病院）	25	35	13	28	21	18	140
	（保健センター）	26	52	23	41	26	21	189
	（私立病院）	16	39	22	15	18	15	125
	（民間治療）	9	17	11	17	11	9	74
医療機関までの距離（分）		36.4	36.8	46.0	43.6	32.1	44.0	39.7
医療機関の満足度		0.111	-0.127	0.000	-0.073	0.423	-0.217	-0.005
時間選好（今，人）		30	41	15	46	25	19	176 (65.1)
ギャンブル選好（USD）		0.69	0.70	5.83	0.79	1.39	0.74	1.39
NGO被支援（人）		0	2	3	0	4	3	12

注）括弧内は%．

を含み，平均35.7USD／月である．家計所得は，3 択回答の階級値を，
① 30USD 未満を15USD，② 30-60USD 未満を45USD，③ 60USD 以上を75USD
として計算した．貧困認定（ID Poor）家計が60.0％を占め，教育水準は小学校
中退が86.3％である．OL 村は小学校中退率が最も高く97.2％である．職業（複
数回答）は，91.9％が農業に従事し，15.2％が出稼ぎの経験がある．

　調査対象者の家計の健康・医療状況を見てみよう．直近 1 年間で 7 日以上病
気やケガになった家計構成員数は，平均1.51人である．ここで病気・ケガの人
数は，3 択回答の階級値を，① 0 人は 0 人，② 1 ～ 2 人は1.5人，③ 3 人以上
は 3 人として計算した．最大がCH村の平均1.69人，最小がDS村の平均1.30人
である．

　直近 1 年間の医療機関での治療費は，平均166.2USDである．この治療費は，
3 択回答の階級値を，① 100USD 未満は75USD，② 100-250USD 未満は
175USD，③ 250USD 以上は270USD として計算した．最大がRO村の
200.0USD，最小がKS村の128.7USDである．治療費の支払方法（複数回答）で
一番多いのは借金（57.8％）である．

　医療機関の利用（複数回答）で一番多いのは保健センター（70.0％），次に公立
病院（51.9％）である．その他は，私立病院や伝統的な民間治療施設である．医
療機関（保健センター）の満足度は平均-0.005，最大がTV村の0.423，最小が

2020.3.23撮影（サムナン）　　　　　2020.3.23撮影（サムナン）

写真 4 - 4　　民間治療施設

RO村の-0.217である．この満足度は3択回答を，① あまり満足でないを-1，
② 満足を0，③ とても満足を1に定量化して計算した．医療機関までの距離
はバイクで平均39.7分である．バイクでの移動時間の3択回答を，① 30分未満
を30，② 30分以上-60分未満を45，③ 60分以上を60に定量化した．時間選好に
ついては2択回答を，① 今，安い保険料を支払う場合を1，② 後で，高い保
険料を支払う場合を0に定量化した．65.1%の回答者が① を選択している．ギャ
ンブル選好は月平均1.39USDである．1カ月のギャンブル金額の3択回答を，
① 0，② 1-50USD未満を25USD，③ 50USD以上を50USDに定量化した．

　以上をまとめると，調査対象者の社会経済的属性は，住民の多くが農業に従
事し（91.9%），教育水準は低く，小学校中退者が86.3%を占める．直近1年に
7日間以上の病気・ケガの罹患家計構成員数が平均1.51人おり，治療費を年間
166.2USD（月収の3カ月分）支払っている．その治療費のために57.8%の家計が
借金をしている．治療のために，保健センターや公立病院を利用しているが，
医療機関（保健センター）の満足度は必ずしも高くない．

4　カンボジア農村のマイクロ医療保険の分析

4.1　仮説とモデル

　先行研究や記述統計の結果から，以下では次のような仮説を検証する．第1
に，カンボジア農村におけるマイクロ医療保険の購入意志は，保険料の支払意
志額とは異なる要因によって決定される．第2に，家計所得や治療費の支払額
／方法は，医療保険の購入意志や保険料の支払意志額に影響を及ぼす．第3に，
家計の健康・医療状況や医療機関のサービスは，医療保険の購入意志や保険料
の支払意志額に影響を及ぼす．

　マイクロ医療保険の需要関数を以下のように想定する．被説明変数は，医療
保険を購入する意志と医療保険の保険料である．説明変数は，① 個人の社会
経済的属性，② 健康・医療要因，③ 個人の選好，④ 村落の属性からなる．
① 個人の社会経済的属性は，性別，年齢，家計所得，家計構成員数，高齢者・
子供の人数，教育水準，職業などに分けられる．② 健康・医療要因は，家計
構成員の病気・ケガの人数，治療費，治療費の支払い方法，利用する医療機関，
医療機関への距離，医療機関の満足度などからなる．③ 個人の選好は，時間
選好，ギャンブル選好（リスク回避），NGO被支援経験である．④ 村落の属性

は 6 村落をダミー変数によって区別する．以下の推計はロジット分析で行った．

4.2　推計結果

1 ）医療保険の購入意志

　表 4 - 6 をもとに医療保険の購入意志について検討しよう．モデル 1 は性別・年齢・家計構成員数・家計内の60歳以上人数・子供人数・5 歳未満人数を説明変数にし，モデル 2 は家計所得・貧困認定（ID Poor）・教育水準・職業を説明変数とし，モデル 3 は家計の健康・医療要因を説明変数にしたものである．モデル 4 は有意な説明変数を中心に推計し，モデル 5 はすべての説明変数を用いて推計したものである．

　モデル 5 を見ると医療保険の購入意志には，年齢，60歳以上の家計人数，貧困認定（ID Poor），職業 2 （林業），治療費の支払方法 1 （現金），支払方法 2 （借金），支払方法 3 （資産売却），医療機関 4 （民間治療）が有意な変数である．

　年齢，貧困認定（ID Poor），支払方法 1 （現金），支払方法 2 （借金），支払方法 3 （資産売却）の係数は正の値をとっている．したがって，以下のような関係が得られる．年齢が高く，貧困認定（ID Poor）を受けた貧困家計ほど，医療保険の購入確率は高くなる．治療費の支払については，現金・借金・資産売却によって行っている場合に，医療保険の購入確率が高い．これは，HEFの利用者は，無料で治療が受けられるからだと思われる．

　60歳以上の家計人数，職業 2 （林業），医療機関 4 （民間治療）の係数は負で有意である．60歳以上の高齢者が家計に多いと，医療保険の購入確率は低下する．また林業従事者は購入確率が低い．医療機関 4 （民間治療）の利用者は保険の購入確率が低い．

　モデル 4 は，モデル 5 において有意な変数を中心に推計したものである．このモデル 4 には新たに有意な変数がある．第 1 に，5 歳未満の子供の人数と医療機関までの移動距離の符号が正である．5 歳未満の子供の人数が増大したり，医療機関までの移動距離が遠くなったりすると，保険の購入確率が上昇する．保障内容に交通費の支給が期待されている．第 2 に，村落ダミーにおいて，DS村とRO村の係数が負であるので，これらの村落は基準村のOL村と比べ，保険の購入確率が低下する．

表 4 - 6　医療保険の購入意志

	モデル1 係数	モデル2 係数	モデル3 係数	モデル4 係数	モデル5 係数
年齢	0.0476*** (0.0164)			0.0819*** (0.0278)	0.0803** (0.0329)
家計構成員数	0.1311 (0.1690)			0.0657 (0.2170)	0.0932 (0.3364)
60歳以上の人数	-0.5907* (0.3143)			-1.4256*** (0.4898)	-1.3106** (0.5709)
子供の人数	0.0347 (0.2206)				0.0565 (0.4367)
5歳未満の人数	0.4225 (0.3184)			0.8828** (0.4669)	1.0239 (0.6618)
家計所得		-0.0016 (0.0096)		0.0237 (0.0145)	0.0091 (0.0208)
貧困認定（ID Poor）		0.6978* (0.4030)		3.1530*** (0.9730)	3.3280** (1.3060)
職業2（林業）		-0.5432 (0.7494)		-2.0639* (1.0786)	-2.8629** (1.3166)
家計の病人			-0.3629 (0.3091)		-0.3666 (0.5386)
治療費支払額			-1.88E-05 (0.0032)		-7.92E-05 (0.0052)
支払方法1（現金）			0.7633 (0.5116)	1.3792* (0.7723)	2.1912** (0.9798)
支払方法2（借金）			1.1141** (0.5781)	1.3596* (0.7965)	2.1937** (1.1015)
支払方法3（資産売却）			0.3490 (0.5304)	1.6847*** (0.7471)	2.4636** (1.0915)
医療機関3（私立病院）			-0.0926 (0.5445)		-0.9709 (0.8730)
医療機関4（民間治療）			-0.5587 (0.5083)	-2.6270*** (0.8991)	-2.8359** (1.1404)
医療機関までの距離			0.0194 (0.0314)	0.2021** (0.0813)	0.3193 (0.2083)
CH村					1.4461 (1.6650)
DS村				-3.8964*** (1.3650)	-4.3150 (3.4703)
KS村					-0.4869 (3.3937)
RO村				-4.3313*** (1.3843)	-5.0110 (3.3823)
NGO被支援					-0.5871 (1.3797)
観測数	261	267	193	185	184
疑似決定係数	0.0815	0.0369	0.0621	0.3768	0.4297
対数尤度	-87.367	-90.360	-64.217	-40.784	-37.256

注）村落ダミーの基準村はOL村．***は1％，**は5％，*は10％の有意水準，括弧内の値は標準誤差を表す．
　　性別・教育2（小学校卒業）・職業1（農業）・職業3（出稼ぎ）・職業4（その他）・医療機関1（公立病院）・
　　医療機関2（保健センター）・TV村・ギャンブル選好の推計結果は記載を省略．

2）保険料の支払意志額

　保険料の支払意志額について**表4-7**をもとに検討しよう．モデル1-5の内容は上と同じである．モデル5は，すべての説明変数を用いて推計したものである．有意な変数は，年齢，家計所得，貧困認定（ID Poor），職業2（林業），家計内の病気・ケガ人の数，CH村，DS村，RO村，時間選好（現在の支払を選好），NGO被支援である．医療保険の購入意志とは異なる要因が，保険料の支払意志額に影響している．

　家計所得，家計内の病気・ケガ人の数，CH村，DS村，RO村，時間選好，NGO被支援の係数は正の値をとっている．したがって，家計所得が多いほど，保険料の支払意志額は高くなる．家計内の病気・ケガ人が多いほど，支払意志額は高くなる．CH村・DS村・RO村は，OL村と比べ支払意志額が高い．将来高い保険料を払うよりも，現在安い保険料の支払を選好する人の方が，支払意志額が高い．NGOの被支援者は支払意志額が高い．これは村外のNGO（医療保険）に対する信頼感が高いからと思われる．

　他方，年齢は係数の符号が負なので，高齢者ほど支払意志額は低くなる．貧困認定（ID Poor）者も支払意志額が低い．職業2（林業）の係数の符号も負なので，林業への従事は支払意志額を低下させる．

　モデル4は，モデル5において有意ではない説明変数を順に外して推計したものである．このモデル4では，子供の人数，医療機関3（私立病院），KS村が新たに有意な変数である．子供の人数が多いと，保険料の支払意志額は低下する．医療機関3（私立病院）の利用者は支払意志額が低い．彼らは相対的に高所得者であり，リスク対応能力が高く，医療保険の必要性が低いと考えられる．KS村は，OL村と比べ支払意志額が低い．

4.3　推計結果に関する検討

1）医療保険の購入意志と保険料の相違

　医療保険の購入意志と保険料の支払意志額では，社会経済的属性や健康・医療状況に関する異なる要因が影響している．

　第1に，年齢が高いと，医療保険の購入意志は高いが，保険料の支払意志額は低下する．家計内に60歳以上の人数が多いと，医療保険の購入意志は低下する．子供の人数が多い場合には，保険料の支払意志額が低下する．他方で，5歳未満の人数が多いと，医療保険の購入意志が高くなる．

表 4 - 7　医療保険料の支払意志額

	モデル1 係数	モデル2 係数	モデル3 係数	モデル4 係数	モデル5 係数
年齢	-0.0355*** (0.0115)			-0.0356** (0.0155)	-0.0415* (0.0239)
家計構成員数	-0.0091 (0.1116)				-0.2674 (0.2057)
60歳以上の人数	0.5317** (0.2646)				-0.2269 (0.3748)
子供の人数	-0.0914 (0.1584)			-0.3367* (0.1997)	-0.2493 (0.2705)
5歳未満の人数	0.0745 (0.2078)			-0.3417 (0.2805)	0.0568 (0.4421)
家計所得		0.0293*** (0.0070)		0.0399*** (0.0084)	0.0466*** (0.0130)
貧困認定（ID Poor）		-1.0454*** (0.2899)		-1.6082*** (0.4914)	-1.5959** (0.6841)
職業2（林業）		0.6173 (0.7035)			-3.1663** (1.5375)
家計の病人			0.3118 (0.2014)	0.5048* (0.2765)	0.6600* (0.3807)
治療費支払額			0.0035 (0.0022)		0.0028 (0.0033)
支払方法1（現金）			-0.3167 (0.3631)		-0.1207 (0.6036)
支払方法2（借金）			-0.8645** (0.4229)		-0.1934 (0.7272)
支払方法3（資産売却）			0.2261 (0.3348)		-0.1826 (0.4831)
医療機関3（私立病院）			-0.3852 (0.3592)	-0.8613** (0.4167)	-0.6758 (0.5525)
医療機関4（民間治療）			-0.4642 (0.3635)		0.3451 (0.5399)
医療機関までの距離			0.0066 (0.0209)		-0.0708 (0.0601)
CH村				1.7984*** (0.5559)	2.2907** (0.8913)
DS村				2.9914*** (0.7854)	5.4886*** (1.5656)
KS村				-1.8514*** (0.6937)	-0.6993 (1.3511)
RO村				1.4909** (0.7415)	2.2572* (1.3469)
時間選好				0.7720* (0.4289)	1.1211** (0.5490)
NGO被支援				1.9077* (1.0326)	2.2553* (1.2265)
観測数	229	236	170	175	162
疑似決定係数	0.0355	0.1012	0.0496	0.3056	0.3572
対数尤度	-191.75	-183.06	-149.29	-110.93	-95.350

注）村落ダミーの基準村はOL村．***は1%，**は5%，*は10%の有意水準，括弧内の値は標準誤差を表す．
　　性別・出稼ぎ仕送り・教育2（小学校卒業）・職業1（農業）・職業3（出稼ぎ）・職業4（その他）・医療機
　　関1（公立病院）・医療機関2（保健センター）・TV村・ギャンブル選好の推計結果は記載を省略．

　第 2 に，家計所得は，医療保険の購入意志には影響しない．しかし，家計所得が高いと，保険料の支払意志額は高くなる．貧困認定（ID Poor）は，保険の購入意志を高めるが，保険料の支払意志額を低下させる．林業の従事者は，保険の購入意志が低く，保険料の支払意志額も低い．

　第 3 に，家計内の病気・ケガの人数は，医療保険の購入意志には影響しないが，保険料の支払意志額を増加させる．治療費の支払方法について，現金・借金・資産売却によって治療費を支払った家計は，保険料の支払意志額には影響しないが，医療保険の購入意志は高い．医療機関 4 （民間治療施設）の利用者は，医療保険の購入意志が低い．医療機関 3 （私立病院）の利用者は，保険料の支払意志額が低い．医療機関までの移動距離が遠いと，医療保険の購入意志が高くなる．時間選好と NGO 被支援経験は，保険の購入意志には影響しないが，保険料の支払意志額を高める．

　第 4 に，村落ダミーは，CH 村，DS 村，KS 村，RO 村について，OL 村と比較して有意な影響が認められる．DS 村と RO 村は，医療保険の購入意志が低い．保険料の支払意志額は，CH 村，DS 村，RO 村が高く，KS 村が低い．平均所得が他の村より高い DS 村と RO 村は，医療保険の購入意志は低いが，その支払意志額は高い．

2）先行研究との比較

　本章の結果を先行研究と比較しよう．

　第 1 に，年齢について，先行研究の結果は一致していない．Gustafsson-Wright *et al.*（2009），Adams *et al.*（2015）は，年齢が低い方が，医療保険への参加率は高いとしている．保険料の支払意志額については，Asenso-Okyere *et al.*（1997），Asgary *et al.*（2004）は，年齢が高い方が，支払意志額が高いとしている．一方，Dong *et al.*（2003），Gustafsson-Wright *et al.*（2009）では，年齢が低い方が，支払意志額が高い．本章の結果は，年齢が高い方が，医療保険の購入意志は高いが，保険料の支払意志額は低下する．

　家計構成員数について，Mathiyazhagan（1998），Dror *et al.*（2007）は医療保険の購入意志への正の影響を報告している．Macha *et al.*（2014）では，高齢者と 5 歳未満児が構成員にいる家計は，医療保険の購入意志が高い．本章の結果では，家計構成員数の影響はない．しかし 60 歳以上の人数が多いと，医療保険の購入意志は低下し，子供の人数の増加は保険料の支払意志額を低下させ，5

歳未満児の人数の増加は医療保険の購入意志を高める.

第2に, 家計所得について, Asenso-Okyere *et al.* (1997), Mathiyazhagan (1998), Dong *et al.* (2003), Dror *et al.* (2007), Gustafsson-Wright *et al.* (2009), Shafie and Hassali (2013) は, 家計所得増大の正の影響を報告している. 本章の結果では, 家計所得の増大は, 医療保険の購入意志には影響しないが, 保険料の支払意志額を増大させる.

治療費の支払額は, Asenso-Okyere *et al.* (1997), Mathiyazhagan (1998), Dong *et al.* (2003), Dror *et al.* (2007) では, 保険料の支払意志額に正の影響を与える. 本章の結果では, 治療費の支払い額は有意な変数ではない. しかし, 治療費の支払方法は有意な変数である. 現金・借金・資産売却によって医療費を支払った家計は, 医療保険の購入意志が高い. このような支出方法の相違が医療保険の需要に及ぼす影響を検討した先行研究はない.

第3に, 家計の健康・医療状況について, Mathiyazhagan (1998) では, 家計内に病気・ケガ人の数が多いと, 保険料の支払意志額が多い. 本章の結果では, 家計の病気・ケガ人の数は, 医療保険の購入意志には影響しないが, 保険料の支払意志額を高める. 利用する医療機関については, 病院や保健センター以外の民間治療施設を利用すると, 医療保険の購入意志が低い.

医療機関までの移動距離が遠いと, 保険料の支払意志額は, Dror *et al.* (2007) では低くなるが, Mathiyazhagan (1998), Asenso-Okyere *et al.* (1997) では高くなる. 本章の結果では, 医療機関までの移動距離が遠いと, 医療保険の購入意志は高いが, 保険料の支払意志額には影響しない.

第4に, 医療保険のリテラシーについて, Platteau *et al.* (2017) では, 保険に関する理解を深めるが, 保険需要には影響しない. Asenso-Okyere *et al.* (1997), Asgary *et al.* (2004), Dong *et al.* (2003), Gustafsson-Wright *et al.* (2009), Dror *et al.* (2007) では, 教育水準が高いと, 保険需要が高くなる. Mathiyazhagan (1998) では, 医療保険の購入には影響しないが, 保険料の支払意志額を高める. 本章の結果は, 教育水準は有意な変数ではない. 小学校中退者が多く, 保険に関する知識に差はないと考えられる.

4.4 マイクロ医療保険の普及に向けて

カンボジア農村におけるマイクロ医療保険需要について観測データをもとに実証的に分析した. 本章の分析結果と含意は以下のように要約される.

　第1に，マイクロ医療保険の普及のためには，年齢が高く，家計に60歳以上の高齢者が少なく，5歳未満の子供が多く，貧困認定（ID Poor）を受け，現金・借金・資産売却によって治療費の支払をし，医療機関までの移動距離が遠い対象者を選ぶ必要がある．

　第2に，保険料を高く設定するためには，年齢が若く，家計に子供が多く，家計所得が多く，家計内に病気・ケガ人が多く，時間選好率が高く，NGOの被支援経験者を対象者に選ぶ必要がある．

　第3に，利用する医療機関については，伝統的な民間治療施設の利用者は，医療保険の購入意志が低い．民間治療施設の利用者は低所得者が多いと考えられる．私立病院の利用者は保険料の支払意志額が低い．私立病院の利用者は，保険以外の代替手段（自己保険）を利用できる場合が多いと考えられる．

いっそうの議論のために

問題1　ユニバーサル・ヘルス・カバレッジ（UHC）とは何か．UHCの推進において重要な点を説明しなさい．

問題2　カンボジア農村におけるマイクロ医療保険の購入意志と保険料の支払意志額に影響する要因について説明しなさい．

問題3　カンボジア農村におけるマイクロ医療保険の需要に対して，治療費の支払額と支払方法が及ぼす影響について説明しなさい．

💡 議論のためのヒント

ヒント1　UHCの推進において重要な点は，① 対象者，② 医療サービスの範囲，③ 医療費の負担である．

ヒント2　マイクロ医療保険の購入意志に影響を及ぼす要因と，保険料の支払意志額に影響を及ぼす要因は異なる．どのような人が医療保険を購入する確率が高いだろうか．またどのような人が高い保険料を支払う意志があるだろうか．

ヒント3　治療費の支払額はマイクロ医療保険の需要には影響していない．しかし，治療費の支払に必要なお金をどのように調達したかは，保険需要に影響する．

第5章　初等教育
──児童の学力調査──

小学校の授業

───── この章で学ぶこと ─────

　本章では，SDGsの初等教育，カンボジアの初等教育，カンボジア農村における児童の学力の要因について学ぶ．

　第1に，SDGsの初等教育では，貧困が教育普及に及ぼす負の影響，教育が貧困削減に及ぼす効果，万人のための教育からSDGsに至る経緯，MDGsの成果と課題，SDGsの目標とターゲットについて検討する．

　第2に，カンボジアの初等教育は，MDGsの3つの指標から見ると以下の通りである．① 純就学率は92.4%（2018／19年），② 第1学年に就学した生徒が最終学年まで残る残存率は64.2%（2012年），③ 15-24歳の男女の識字率は91.5%（2015年）である．

　第3に，児童の学力に影響を及ぼす要因は，以下の通りである．① 家庭の要因では，父親の学歴，家庭の資産（牛），学校までの通学時間が影響を及ぼす．② 生徒の要因では，生徒の年齢，入学年齢，宿題をする頻度，先生への質問回数が影響する．③ 学校の要因も児童の学力に影響を及ぼすが，具体的な要因については確認できなかった．

Keywords

意識化　エンパワーメント　教育普及への貧困の負の影響　教育の貧困削減効果　所得格差　教育投資　貧困の悪循環　機能的識字率　児童労働　人的資本　女子教育の外部効果　万人のための教育（EFA）　ダカール行動枠組み　教育のためのグローバルパートナーシップ　銀行型教育　二部制　複式学級　持続可能な開発のための教育（ESD）　対話型教育　学力の要因　学校の要因　家庭の要因　生徒の要因

1　SDGsの初等教育

　教育は，人間の尊厳に欠くことのできないものであり，かつすべての国民が相互の援助と相互の関心によって果たさなければならない神聖な義務である（UNESCO 1945）．この教育を受ける権利は，すべての人々の基本的な権利であり，無償でなければならない（United Nations 1948）．しかし，発展途上国ではこの教育を受ける権利は，特に貧困層において十分に保障されているわけではない（Sen 2003）．

　教育は，貧困層に生きるための**エンパワーメント**をもたらす．貧困の中では人々は，今日生きるだけで精いっぱいで，未来について考える余裕もない．貧困層は，教育によって読むこと，考えること，議論すること，選択することを学ぶ．貧困層は，教育によって自らの状況を**意識化**（Freire 1968）し，その状況を変えるために自ら行動し，仲間と連帯することを学ぶ．

1.1.　貧困と教育
　貧困と教育の関係には2つの側面がある（岡田 2004）．第1は，教育普及への貧困の負の影響であり，第2は，教育の貧困削減への貢献である．

1）教育普及への貧困の負の影響
　貧困が教育普及に及ぼす負の影響について，①所得格差と就学率，②家計所得と教育投資，③貧困と教育環境，④栄養状態と学力，⑤児童労働と教育という点から検討しよう．

　第1に，所得格差と就学率には相関関係がある．**所得格差**（所得分配の不平等）を表すジニ係数と初等教育の就学率との間には負の相関関係が見られる．ある地域の家計の所得分配が悪化（ジニ係数が上昇）すると，地域の就学率は低下する．所得分配の不平等は家計の賃金格差と相関しており，この賃金格差が教育格差を引き起こしている．貧困層の子供は，富裕層の子供よりも就学率が低く，退学率や留年率も高い．反対に，貧困層の教育機会の向上は，所得分配の平等化に重要な役割を果たす（De Gregorio and Lee 2002）．

　第2に，家計所得が低いと，子供への**教育投資**が低くなる．低所得層は，就学率や識字率が低く，初等教育の中退率や留年率も高い．親の教育水準が低い

と，家計所得も低くなる．家計所得が低い場合には，経済的余裕がなくなり，子供の教育への関心も低下し，子供の教育投資は低下する．こうして，教育を媒介にして**貧困の悪循環**が世代間で再生産される可能性がある（Harper *et al.* 2003）．この悪循環から抜け出すためには，初等教育や中等教育の無償化が重要になる．

第3に，学校の施設・教材・教員のような教育環境には地域格差があり，貧困地域では教育環境は相対的に厳しい．教員の給与が低いところでは，教員の副業（飲食店や私塾など）が行われ，教員の遅刻や無断欠勤も多くなる．その結果，貧困地域では子供の教育が不十分になり，子供の**機能的識字率**（単なる読み書きの能力ではなく，家庭や職場などの日常生活で必要な読み書きの能力）も低くなる傾向がある（Michaelowa 2001）．

第4に，児童の栄養状態は学力に影響を及ぼす．貧困層の子供たちは栄養状態が悪く，これは学力を低下させる（Michaelowa 2001）．貧困層の女性は，健康状態や栄養状態が悪く，低体重の子供を産む可能性が高い．低体重で栄養不良の子供は，知力の発育の遅れが生じやすい．こうした子供は学齢期になると，学習の到達度が遅れ，留年や退学の可能性が高まる．栄養状態を媒介にした貧困の悪循環が世帯間で再生産される．

第5に，**児童労働**は，児童に強制労働を強いるものであり，基本的人権を侵害する（Sen 1999：邦訳129）．教育との関係については，貧困と児童労働の関係と，義務教育と児童労働の関係という2つの問題が議論されてきた．

貧困と児童労働の関係では，貧困が児童労働の原因か否かに関する議論がある．児童労働は貧困家庭に多く，家計の低所得が児童労働の原因であるという報告がある（Lipton and Ravallion 1995）．これに対して，両者の間には直接的な関係はないという議論がある．その中には，児童労働の原因として，児童労働を容認する社会的慣習や子供の従順さを指摘する意見がある．さらに，教育の質の低さが児童労働の原因であるという意見もある．校舎・教室・教師の不足などが，児童の学習意欲を阻害し，中途退学を生み出している．児童労働はその結果に過ぎない．

もう1つは，義務教育と児童労働との関係である．ここでの問題は，児童労働は子供の就学を妨げるという点である．初等教育の義務化は，児童労働の廃止や子供の権利保障につながる（Harper *et al.* 2003）．これに対して次のような反論もある．児童労働の禁止は貧困家計の収入を圧迫するだけである．児童労働

2015.2.24撮影　　　　　　　　　　　　　　　　2015.2.24撮影

写真 5 - 1　　先生と児童

の禁止ではなく，労働条件の改善をはかるべきである（White 1982）．しかし児童の労働条件の改善は，児童労働を恒久化し，子供の教育を受ける権利を侵害する．

2）教育の貧困削減効果

　教育が貧困削減に果たす効果について，① 人的資本と貧困削減，② 教育と所得格差の是正，③ 女子教育の外部効果という点から検討しよう．

　第1に，人的資本論は，教育が貧困削減に及ぼす影響に関する代表的な議論である．貧困層の教育投資（人的資本の形成）は，知識や技術の習得によって個人の生産能力を向上し，賃金所得を増大させる．人的資本の形成は，発展途上国の貧困削減に貢献する（Lipton and Ravallion 1995）．ただし，人的資本論は，経済成長の手段として教育に焦点を当てたものであり，潜在能力の拡大に焦点を当てた議論ではない（Sen 1999：邦訳340）．

　第2に，教育には所得格差を是正する効果が期待される．発展途上国の初等教育の多くが公立学校で行われ，政府支出によって運営されている．多くの教育が無償ないし政府の補助を受けている．初等教育の無償化の促進は，貧困層の人的資本を形成し，貧困層の所得を増大させ，貧困の悪循環を断ち切る契機になる．初等教育や中等教育の普及は，貧困層の所得増大によって所得格差の是正を促進する．

　教育が所得格差を是正する機能を高める上で，地域社会の参加やNGOなどの国際社会の支援が重要になる．初等教育の自由化や民営化には限界があり，教育への政府の関与は不可欠である．しかし発展途上国では，政府の財源や人

材は限られている．地域住民が学校保護者会などによって学校運営に参加した
り，地域の児童の就学率の向上や学習活動を地域住民やNGOが支援したりす
ることが重要になっている．

　第3に，貧困の削減において**女子教育の外部効果**は重要である．教育には，
本人の潜在能力を高め，就業機会や賃金所得を増大させるだけではなく，社会
全体に利益をもたらす外部効果がある（Sen 1999：邦訳215-231）．特に女子教育は，
① 出生率減少，② 子供の栄養改善，③ 子供の健康促進などによって貧困削減
に寄与する．

　女子教育は出生率を低下させる（Basu 2002）．女子教育が普及すると，母親は，
子供の教育費用や教育水準を考慮し，子供の人数を制限するようになる．また
女子教育は，メディアへの母親のアクセスを容易にし，妊娠・出産・避妊に関
する意識を高める．さらに，女子教育による女性の自立心や地位の向上も，出
生率低下に貢献する．

　女子教育はまた，家族，特に子供の栄養改善をもたらす．女子教育によって
女性の就業機会や賃金所得が増大し，家族や子供の生活環境や栄養環境が改善
される．女子教育は，母親の栄養に関する理解を深め，食事の栄養バランスを
向上させる．さらに，女子教育は子供の健康を促進する．母親の育児への関心
を高め，子供の健康や医療への関心を高める．乳幼児や子供がケガや病気になっ
た場合でも，医療知識へのアクセスが容易で，その死亡率を低下させる．

1.2　SDGsに至る経緯

　1990年3月に「万人のための教育世界会議」が世界銀行・UNICEF・
UNESCOによって開催された．この会議には多くの政府やNGOが参加し，**万
人のための教育**（Education for All：EFA）という国際的な課題が提案された．特
に基礎教育の重要性が指摘され，教育を受ける権利を基本的人権とした．発展
途上国の政府は基礎教育の重要性を認識し，先進国政府・国際機関・NGOは
基礎教育分野への国際協力を約束した．このEFAの到達目標の1つに「2000
年までに初等教育へのアクセスと修了を普遍化する」ことが掲げられた．

　2000年4月に「世界教育フォーラム」がダカールで開催され，1990年以降10
年間の取り組みのフォローアップが行われた．この会議には，180カ国の政府・
31の国際機関・100以上のNGOが参加した．この間の目標達成が不十分であり，
さらなる取り組みが必要であることが確認された．目標年限を新たに2015年に

2017.9.3 撮影　　　　　　　　　　　　　　　　　　　2018.3.20撮影

写真 5-2　　児童労働と教師の私塾

設定した**ダカール行動枠組み**が採択された．ここで，EFAに向けた6つの目標，① 就学前教育の拡充，② 質の高い初等教育，③ ライフスキルの充足，④ 識字率の向上，⑤ ジェンダー格差の改善，⑥ 教育の質の向上が提示された．その目標達成に向けて，「2015年までに，すべての子供たちが，義務教育制によって質の高い無償の初等教育にアクセスでき，それを修了することを保障する」（UNESCO 2000）ことが掲げられた．

　ダカール行動枠組みの到達目標は，2000年9月の国連サミットで合意されたミレニアム開発目標（MDGs）に引き継がれた．2015年までの到達目標の1つにすべての子供たちの基礎教育へのアクセスの保障を定めた．MDGsにおける初等教育に関する目標は，目標②「普遍的な初等教育の達成」である．この目標は，純就学率，最終学年までの残存率，青年（15-24歳）の識字率という3つの指標を用いて測ることになった．

　2002年6月にMDGsの「初等教育の完全普及」と「質の高い初等教育の普及」を推進するために，世界銀行が中心になって，先進諸国と発展途上国とのパートナーシップである「万人のための教育優先取組計画（EFA-FTI）」が開始された．目標の達成が遅れている発展途上国に対して基礎教育分野における財政的・技術的な支援をすることになった．このEFA-FTIは，2011年9月の国連総会において**教育のためのグローバルパートナーシップ**に名称を変えた．この名称変更と共に，初等教育に限られていた資金援助の対象分野が，就学前教育やジェンダー格差の是正などの分野に拡大された．

　日本の教育分野における国際協力につては，2000年に「国際協力イニシアティブ」が立ち上げられ，2002年に「成長のための基礎教育イニシアティブ」が発

表された．さらに，2010年秋に，「日本の教育協力政策2011-2015」（外務省 2010）が公表された．

1.3　MDGsの成果と課題
1）MDGsの成果

　MDGsの目標②は「普遍的な初等教育の達成」である（United Nations 2000, 2015a）．そのターゲットは，2015年までに，すべての子供が男女の区別なく初等教育を修了することであり，その指標として① 純就学率，② 最終学年までの残存率，③ 識字率が設定された．その成果として，初等教育の純就学率は，2000年の83％から2015年の91％に上昇した．また児童の年齢で学校に通わない子供の数は，世界全体でほぼ半分に減少し，2000年の1億人から2015年には5700万人になった．15歳から24歳の識字率は，1990年の83％から2015年の91％まで上昇した．

　MDGsの目標③には，「ジェンダー平等の推進と女性の地位向上」が掲げられた．そのターゲットは，すべての教育における男女格差の解消であり，その指標として女子生徒の比率の上昇が設定された．この間に初等教育での男女格差は解消した．1990年の南アジアでは，100人の男子に対して74人の女子が小学校に通学していた．今日では，100人の男子に対して103人の女子が通学している．

2）教育の質的拡充の課題

　教育へのアクセスは量的には拡大したが，今後の課題として，教育の質的拡充がある．多くの子供たちが小学校に入学した．しかし，教室や教員などの教育制度は十分に整備されなかった．その結果，児童数の増大に対して教室や教員が不足し，多くの学校で**二部制**（午前と午後の児童の入れ替え）や**複式学級**（同一の教室・教員で複数学年の同時授業）が実施された．カンボジアでも多くの小学校でこうした状況が見られる．

　また教員養成を十分に行えなかったために，教員の質が低下した．教師が自分の知識を一方的に伝え，生徒が知識を詰めこむような**銀行型教育**（Freire 1968）が多く見られた．こうした教育では，生徒は勉学への興味や意欲をなくしていく．小学校に入学しても，基礎的な読み書きや計算能力が不足する子供たちが多く存在するようになった．

3）持続可能な開発のための教育

　もう1つの今後の課題は，持続可能な開発のための教育である．1992年の環境と開発の国連会議（地球サミット）で採択されたアジェンダ21の中で，**持続可能な開発のための教育**（Education for Sustainable Development：ESD）の重要性が強調された．その後，2002年の「持続可能な開発のための地球サミット」において，ESDを国際的に推進していくことが合意された．

　ESDとは，「環境・貧困・人権・開発といったさまざまな現代的課題を，自らの課題としてとらえ，共通の未来のために行動する力を育むための教育」である（UNESCO 2010）．持続可能な社会を実現するためには，その担い手を育てる教育が重要になる．持続可能な社会とは，すべての人が多様な価値観を尊重しあいながら，差別されることも排除されることもなく公平に，そして主体的に生きていける社会である．

　ESDの実施には次の2つの点が重視されている（日本ユネスコ国内委員会）．第1に，人格の発達や自立心，判断力，責任感などの人間性を育むことである．第2に，他者との関係性，社会との関係性，自然環境との関係性を認識し，「関わり」や「つながり」を尊重できる個人を育むことである．関係性や関わりという視点は，持続可能な開発という課題を理解するうえで重要になる．SDGsの課題自体が相互に連環しており，教育においても互いの関わりや対話による**対話型教育**（Freire 1968）が重要になる．

1.4　SDGsの目標とターゲット

目標④ すべての人に質の高い教育を確保しよう

　SDGsでは，学校教育や生涯学習などの教育機会へのアクセスの量的な拡大だけではなく，ESDのような教育の質的深化を目標にした．2030年までに学習者が持続可能な開発を促進していく上で必要な知識や技術を身につけ，持続可能な生活スタイル，人権，ジェンダー平等，平和の文化と非暴力，グローバル・シティズンシップ，文化の多様性などに関する教育を促進することが示された．

　目標④の達成のための2030年までのターゲットは以下の通りである．すべての子供が無償かつ公正で質の高い初等教育や中等教育を修了できるようにする（tgt.4.1）．すべての子供が質の高い乳幼児の発達支援・ケア・就学前教育にアクセスできるようにする（tgt.4.2）．すべての人が質の高い技術教育・職業教育・

高等教育への平等なアクセスを得られるようにする（tgt.4.3）．人間らしい仕事や起業に必要な技能を備えた若者と成人の割合を大幅に増加させる（tgt.4.4）．教育におけるジェンダー格差を無くし，障害者・先住民などの脆弱層があらゆるレベルの教育や職業訓練に平等にアクセスできるようにする（tgt.4.5）．すべての成人が読み書き能力や基本的な計算能力を身につけられるようにする（tgt.4.6）．すべての学習者が，持続可能な開発を促進するために必要な知識や技能を習得できるようにする（tgt.4.7）．

　子供・障害・ジェンダーに配慮した教育施設を作り，すべての人に安全で非暴力的・包摂的・効果的な学習環境を提供する（tgt.4.a）．特に後発発展途上国を対象に，職業訓練・情報通信技術（ICT）・技術／工学／科学プログラムなど高等教育の奨学金を大幅に増加させる（tgt.4.b）．国際協力などによって，特に後発発展途上国における有資格の教員数を大幅に増加させる（tgt.4.c）．

2　カンボジアの初等教育

2.1　初等教育の現状

　カンボジア政府は，2001年にMDGsをうけてカンボジア・ミレニアム開発目標（CMDGs）を作成し，その1つに「普遍的な基礎教育（9年）の達成」を掲げた（Royal Government of Cambodia 2003a）．この目標達成に向けて，2015年までに9年間の基礎教育を修了することを定めた．2003年には，「万人のための教育2003-2015行動計画」を策定し，すべての子供の基礎教育の就学・修了と，9年間の基礎教育の質の改善を政策目標に掲げた．

2016.2.8撮影　　　　　　　　　　　　　　　2016.2.10撮影

写真 5 - 3　　小学校の児童

　カンボジアの義務教育では日本と同様に，すべての子供は 6 歳で小学校に入学し，6 年間小学校に通い，3 年間中学校に通わなければならない（Royal Government of Cambodia 2003b）．制度上はこのように定められているが，実際には入学年齢も就学期間も子供によって多様である（Tan 2007）．通訳のサムナンは 3 年間しか小学校に行っていない．以下，カンボジアの初等教育の現状について見てみよう．

　カンボジアの経済や初等教育に関する指標について，東南アジアの周辺諸国と比較しながら検討しよう（UNESCO Institute for Statistics 2015, World Bank 2015）．図 5-1 は，1 人当たり実質 GDP と初等教育に関する 3 指標を比較したものである．3 指標は，① 初等教育における純就学率，② 第 1 学年に就学した生徒が最終学年まで残る残存率，③ 15-24 歳の男女の識字率である．これらは

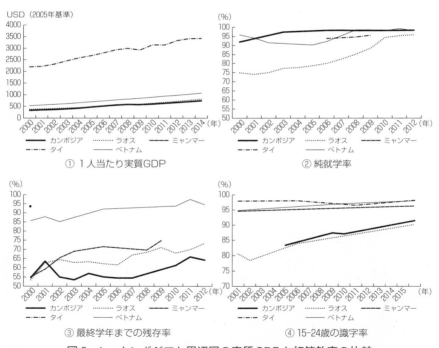

図 5-1　カンボジアと周辺国の実質 GDP と初等教育の比較

注）1 人当たり実質 GDP は 2005 年 USD を基準とする．ミャンマーのデータは欠損している．データの欠損している年次は省略しグラフを描いている．

出所）UNESCO Institute for Statistics（2015），World Bank（2015）．

MDGsの指標と同じである.

　純就学率：カンボジアの純就学率は，2003年からほぼ横ばいに推移しており，高い水準を維持している．2012年時点で98.4%であり，データの制約上同一年の比較はできないが，5カ国の中で最も高い値を示している（図5-1②参照）．いずれの国も純就学率は95%を越える高い水準を示しており，その差は僅かである．ところが，カンボジアの純就学率は近年低下している．2018／19年は92.4％で，農村部（95.6％）と比べ都市部（79.8％）がさらに低い（Ministry of Education, Youth and Sport 2019）．プノンペンの貧困率の上昇と関係がある可能性が高い.

　最終学年までの残存率：最終学年までの残存率は，上昇・下降を繰り返しながら周辺諸国に比べて低い水準で推移し，2012年時点で64.2%である（図5-1③参照）．純就学率と同様に同一年の比較ではないが，比較対象諸国の中で残存率は最も低い水準である．後発発展途上国のラオスの2012年の残存率は73.3%である．ラオスと比較しても，カンボジアの水準が低いことが分かる.

　識字率：15-24歳の男女の識字率は2015年時点では91.5%であり，ラオスの90.2%に次いで2番目に低い（図5-1④参照）．カンボジアの識字率は，ラオスとほぼ同じ軌跡を辿りながら上昇を続けてきた.しかし，後発発展途上国のミャンマーの識字率は96.3%とタイやベトナムの水準に近いが，カンボジアはミャンマーほど高くはない.仏教寺院での初等教育がミャンマーでは普及している.

　カンボジアの初等教育の特徴は，純就学率については周辺諸国並みかそれ以上に高いが，最終学年までの残存率や15-24歳の男女の識字率はそれら諸国よりも低い．ただし近年，都市部の純就学率が低下している.

2.2　シェムリアップ州の現状

　カンボジア教育・青年・スポーツ省（Ministry of Education, Youth and Sport 2015）による初等教育に関するいくつかの指標をもとに，カンボジア全24州・プノンペン特別市の中でのシェムリアップ州の特徴について確認しよう．データは,本章の聞き取り調査の時点に近い2014／15年を用い,追加的に最新のデータ（Ministry of Education, Youth and Sport 2019）を記した.

　純就学率と修了率：初等教育の純就学率は，全国平均が94.5%であり，州別の最高がコンポンチャム州の99.3%，最低がパイリン州の71.1％であり，シェムリアップ州は13番目に高い94.3%（2018／19年は94.6％）である．（図5-2①参照）.

118

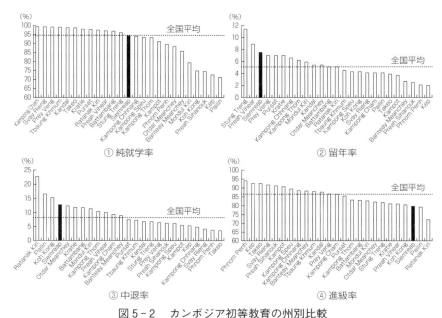

図5-2　カンボジア初等教育の州別比較

出所) Ministry of Education, Youth and Sport (2015).

シェムリアップ州の初等教育の修了率は11番目に高い81.6％（全国平均は84.1％，最高はタケオ州の97.2％，最低はラタナキリ州の62.3％）である．この2つの指標はいずれも全国平均を下回っているが，著しく低い水準ではない．

　留年率・中退率・進級率：シェムリアップ州の初等教育の留年率は7.5％（全国平均は5.1％，最大がストゥントレン州の11.4％，最小がケップ州の2.0％）であり，全24州中3番目に高い（**図5-2②参照**）．中退率は12.8％（全国平均は8.3％，最大がラタナキリ州の22.7％，最小がタケオ州の3.6％）であり，4番目に高い（**図5-2③参照**）．進級率は79.7％（全国平均は86.5％，最高がプノンペンの94.1％，最低がラタナキリ州の72.2％）であり，3番目に低い（**図5-2④参照**）．このように，これら3指標は，全24州中3番目か4番目に悪い値を示している．2018／19年のシェムリアップ州の留年率は7.3％，中退率は4.6％，進級率88.0％であり，この間，3指標とも改善している．

　シェムリアップ州の初等教育の特徴は，児童が小学校に入学し通学する機会（純就学率）は全国平均と同じ水準にある．しかし，入学後の留年率や中退率が

高く，上級学年への進級に問題があることが分かる．

3 カンボジア農村の児童の学力調査

以下の調査では，従来，発展途上国の学力の要因として十分に議論されてこなかった生徒の学習意欲を取り上げる．発展途上国の初等教育における学力の要因については，学校の要因（Heyneman and Loxley 1983）と家庭の要因（Baker *et al.* 2002）のどちらが重要かという問いかけが行われてきた．以下の分析では，こうした従来の要因と共に，生徒の学習意欲が学力に影響を及ぼすことを検証する．

3.1 学力の先行研究

発展途上国の初等教育に関する従来の研究では，児童の学力の要因として，① 家庭の要因，② 学校の要因，③ 生徒の要因などが挙げられる（Hanushek 1995, Glewwe 2002, Ammermüller *et al.* 2005, Glewwe and Kremer 2006, 富田・牟田 2010, Glewwe *et al.* 2011）．

家庭の要因：家庭の要因が学力に影響を及ぼすとする研究には，Baker *et al.*（2002），Wößmann（2010），Ammermüller *et al.*（2005）などがある．Baker *et al.*（2002）は，36の国・地域に関する算数と理科の学力データを分析した．彼らは，学力に影響を及ぼす主要因は家庭の要因であり，学校の要因はあまり影響しないとしている．Wößmann（2010）は，2001年に35カ国で実施された読解力に関する学力データを用いて，アルゼンチンとコロンビアの教育生産関数

2016.2.8 撮影   2016.2.8 撮影

写真 5-4　小学校の校舎・水飲み場・トイレ

について分析している．この2カ国では，教育成果に影響を及ぼす要因として，家庭の要因は認められるが，学校の要因は国によって結果が異なるとしている．

学校の要因：Glewwe（2002）とGlewwe *et al.*（2011）は，どのような学校の要因が学力に影響を及ぼすかに注目しながら従来の研究を調査している．Glewwe（2002）では，教科書や学習帳の利用，ICT教育，クラスの人数などが影響を及ぼすとする研究を紹介している．また，従来の調査や研究の問題点を指摘し，新しい方法としてランダム化比較試験（RCT）の有効性を指摘している．Glewwe *et al.*（2011）では，教材の利用，学校の施設，教師の質，宿題の有無などが教育成果に影響を及ぼすとする研究を紹介している．

Heyneman and Loxley（1983）は，29カ国の小中学生の理数科の学力データを分析し，1人当たり所得が低い発展途上国では，学校の要因の方が家庭の要因よりも学力への影響が大きいとしている．Hanushek（1995）も学校の要因（教師の質）が学力に及ぼす影響を指摘している．彼らの研究を受け，富田・牟田（2010）は，2004年にマラウイで実施された学力テストと，生徒・保護者・教員などを対象とするアンケートを分析した．彼らの結果は，Heyneman and Loxley仮説を支持し，1人当たり所得が低いマラウイでは，学校の要因の方が家庭の要因よりも算数と国語の学力への影響が大きいとしている．

生徒の要因：発展途上国の学力に影響を及ぼす要因として，生徒の要因を重視する研究はほとんどない．というのは，発展途上国において現在重要なのは，貧困や紛争から生じる家庭の要因や学校の要因だからである．ただし，Glewwe *et al.*（2011）で指摘された宿題の有無は，生徒の要因にも関係していると考えられる．発展途上国の経済発展が進むにつれて，家庭の要因（貧困や経済資源の不足）や学校の要因（学校や教材の不足）に起因する問題が解消されれば，先進諸国で問題になるような生徒の要因が重要になる（中室 2015）．以下で注目するのは，経済発展が遅れたカンボジアにおいて，生徒の学習意欲が学力に及ぼす影響である．

以上の3つの要因以外では，家庭や学校が属する地域のコミュニティの特性や，国際機関やNGOによる教育・生活支援なども，教育成果に影響を及ぼす要因として挙げられる場合がある（Glewwe 2002, Glewwe *et al.* 2011）．

3.2　調査概要とデータ

児童の学力に関する調査は，2015年2月24日〜26日と2016年2月8日〜10日

に実施した．調査対象校は，シェムリアップ市郊外の小学校7校である．調査
対象者は，7校の小学校の第3学年の生徒420人である．

　この調査では，生徒と教師を対象としたアンケートと生徒への算数の学力テ
ストを実施した．最初にアンケートで，生徒や教師の家庭環境や学校生活につ
いて尋ねた．アンケートは，先行研究で学力の要因として指摘されたものを参
考に，筆者らが作成した．次に25分間の算数の学力テストを実施した．学力テ
ストの内容は，第2学年修了時点において習得が期待されるものであり，これ
も筆者らが作成した．

　表5-1は，7校の第3学年の児童420人の算数の学力テストの結果を表す．
このテストは，数の大小や，加法・減法・乗法の能力を問う全20問から構成さ
れており，20点満点である．この表5-1には，2015年（186人），2016年（234人），
2015／16年（合計420人）の結果が区別されている．

　算数の学力テストの結果について，表5-1をもとにその特徴を見てみよう．
第1に，2015／16年の各小学校の平均点は，最高がKH校の13.7点（標準偏差4.89），
最低がME校の9.4点（標準偏差4.11）であり，全体の平均点は10.8点（標準偏差4.64）
である．第2に，2015年と2016年の平均点に大きな差がある小学校がある．

表5-1　算数テストの記述統計

学校名	観測数	平均値	標準偏差	最小値	最大値
ME校	58 (30, 28)	9.4 (8.7, 10.2)	4.11 (4.44, 3.57)	2 (2, 4)	18 (18, 18)
BS校	47 (20, 27)	10.04 (12.7, 8.0)	4.25 (3.77, 3.38)	3 (6, 3)	18 (18, 14)
PR校	88 (52, 36)	11.6 (14.5, 7.4)	5.46 (3.42, 5.18)	1 (7, 1)	20 (20, 19)
TA校	59 (35, 24)	10.6 (10.9, 10.1)	3.96 (3.89, 4.01)	3 (4, 3)	18 (18, 17)
PC校	60 (31, 29)	10.0 (8.6, 11.5)	3.94 (3.01, 4.26)	1 (2, 1)	17 (15, 17)
KT校	65 (18, 47)	10.8 (10.2, 11.1)	4.16 (4.62, 3.94)	1 (1, 2)	18 (18, 18)
KH校	43	13.7	4.89	2	20
全校	420 (186, 234)	10.8 (11.3, 10.5)	4.64 (4.46, 4.75)	1 (1, 1)	20 (20, 20)

注）上段は2015／16年の合計．下段括弧内の左は2015年，右は2016年．KH校のデータは2016年のみ．

2015年から2016年に，BS校の平均点が4.7ポイント低下し，PR校の平均点は7.1ポイント低下している．第3に，1クラスの生徒数は,学校によっても年によっても異なり，学力テストへの影響は明確ではない．1クラスの生徒数は，最大がPR校（2015年）の52人,最小がKT校（2015年）の18人であり,平均32人である．PR校（2015年）は，1クラスの人数は多いが，テストの平均点が高い．また標準偏差も小さく，全体的にどの生徒も高い点数を得ている．

表5-2　基本統計量

変数	観測数	平均	標準偏差	最小値	最大値
算数テストの点数	420	10.88	4.64	1	20
父親の学歴	399	2.61	1.28	1	4
母親の職業	396	2.08	1.42	1	4
兄弟の人数	404	3.21	0.56	2	4
家庭の資産（バイク）	420	0.78	0.41	0	1
家庭の資産（牛）	419	0.80	0.39	0	1
飲料水（井戸）	418	0.95	0.20	0	1
家事労働時間	401	3.03	0.77	1	4
通学時間	402	1.15	0.39	1	3
学用品（教科書）	418	0.96	0.17	0	1
年齢	416	9.48	1.17	7	14
性別	420	0.51	0.49	0	1
入学年齢	400	1.89	0.47	1	4
留年経験	409	0.73	0.43	0	1
宿題	410	2.37	0.53	1	3
先生への質問	406	2.34	0.52	1	3
ME校	420	0.13	0.34	0	1
BS校	420	0.11	0.31	0	1
PR校	420	0.20	0.40	0	1
TA校	420	0.14	0.34	0	1
PC校	420	0.14	0.34	0	1
KT校	420	0.15	0.36	0	1
KH校	420	0.10	0.30	0	1

注）変数の定義：父親の学歴（6年未満1，6年修了2，9年未満3，9年修了4），母親の職業（農業1，漁業2，無職3，その他4），家事労働時間（0分1，60分未満2，120分未満3，120分以上4），通学時間（30分未満1，60分未満2，60分以上3），入学年齢（6歳1，7歳2，8歳以上3），宿題（全くしない1，時々する2，よくする3），先生への質問（全くしない1，時々する2，よくする3）．

　表 5-2 は基本統計量を表す．この表やアンケートの結果をもとに，生徒の
家庭環境，生徒自身の特徴，担任教師の特徴について確認しよう．生徒の家庭
環境を見ると，父親が小学校を修了している割合は70％である（父親が中学校を
修了している割合は40％）．農業・漁業に従事する父親は63％，母親は64％であり，
共に半数以上が農業に従事している．カンボジアの労働力人口に占める農業従
事者の割合は，2013年時点で64.1％である（ADB 2015）．調査地がカンボジアの
平均的な就業構造と同じであることが分かる．農業・漁業以外の約 4 割の両親
の職業については明確な結果を得ていない．家庭の資産は，バイク所有が
78％，牛所有が80％，井戸所有が95％である．

　調査対象の生徒は420人であり，このうち男子が218人，女子が202人である．
生徒（小学校 3 年生）の年齢を見ると，最年少が 7 歳で最年長は14歳であり，平
均9.5歳，標準偏差は1.17である．先に述べたように，制度上は 6 歳で入学する
ので，留年しなければ 8 歳である．しかし，27％の生徒が留年を経験している．
したがって，年長の生徒も多く，就学の遅れが認められる．学習意欲について
は，宿題をよくする生徒の割合は40％，先生によく質問する生徒の割合は37％
である．

　担任教師については，13クラス中12クラスの担任が女性教師である．年齢構
成は，最年少が20歳，最年長が51歳で，平均29歳である．20歳代が 8 人，30歳
代が 3 人，40歳代が 1 人，50歳代が 1 人である．調査当時の教師の月給は
250USDである．教師の多くは何らかの副業に従事し，勤務時間後に私塾を開
設している教師もいる．

4　カンボジア農村の児童の学力分析

4.1　仮説とモデル

　先行研究や基本統計量の結果から，以下では次のような仮説を検証する．第
1 に，シェムリップ市郊外の児童の学力は，父親の学歴，家庭の資産，学校ま
での通学時間のような家庭の要因によって影響を受ける．第 2 に，児童の学力
は，学校の施設のような学校の要因によって影響を受ける．第 3 に，児童の学
力は，生徒の年齢，入学年齢，先生への質問や宿題などの学習意欲のような生
徒の要因によって影響を受ける．

　児童の学力の要因を分析するために，簡単な教育生産関数を想定する（Glewwe

2002, Glewwe and Kremer 2006, Glewwe *et al.* 2011). 教育生産関数は, 教育のインプットとアウトプットの関係を表す関数である. 教育のアウトプットは教育成果である. 教育成果には学力のような認知能力だけではなく, 非認知能力も重要な要素であるが, ここでは算数テストの点数 (学力) である. 教育のインプットは, ① 家庭の要因, ② 生徒の要因, ③ 学校の要因からなる. ① 家庭の要因は, さらに家庭の属性 (父親の学歴, 両親の職業, 兄弟の人数, バイクや牛などの家庭の資産, 飲料水の水源) と学習環境 (家事労働時間, 通学時間, 教科書などの学用品) に分けられる. ② 生徒の要因は, 生徒の属性 (年齢, 性別), 就学状況 (入学年齢, 留年経験), 学習意欲 (宿題への取り組み, 先生への質問) である. ③ 学校の要因は, 7校をダミー変数によって区別する. 以下では, 児童の学力の要因をOLSで推計した.

4.2 推計結果

表5-3は推計結果を表す. モデル1は家庭の要因, モデル2は生徒の要因, モデル3は学校の要因, モデル4はすべての要因を説明変数にして推計した結果である.

モデル4において, 学力に有意な影響を及ぼす要因は, 家庭の要因では, ① 父親の学歴, ② 家庭の資産 (牛), ③ 通学時間である. 生徒の要因では, ④ 年齢, ⑤ 入学年齢, ⑥ 宿題, ⑦ 先生への質問であり, 学校の要因では, ⑧ 学校ダミーのPC校である.

1) 家庭の要因

家庭の要因について検討しよう. 第1に, 父親の学歴は, 児童の学力に有意な影響を及ぼしている. 親の学歴は人的資本の世帯間移動を表すものである. 父親の小学校修了率は70%である. カンボジアでは1970年のシハヌーク王制崩壊後, 1993年のカンボジア国民議会選挙で新政権が成立するまで内戦が続いた. 特に, 1975年以降のクメール・ルージュによるプノンペン支配期には, 多くの教師や知識人が虐殺され, 教育制度も崩壊した. この間の親世代の教育は十分ではなかった. しかし, 内戦後の約20年の間に, 父親の学歴が人的資本の世帯間移動に影響を及ぼしている.

両親 (母親) の職業が児童の学力に及ぼす影響については, 有意な結果は得られなかった. 調査では, 父親と母親の両方の職業を質問した. 農業・漁業に従事する父親は63%, 母親は64%であり, 共に半数以上が農業に従事している.

表 5 - 3　児童の学力の要因

	モデル 1	モデル 2	モデル 3	モデル 4
父親の学歴	0.599155*** (0.1847)			0.392890** (0.1926)
母親の職業	0.082229 (0.1696)			-0.200111 (0.1974)
兄弟の人数	-0.287058 (0.4192)			-0.441275 (0.4201)
家庭の資産（バイク）	1.124715* (0.5901)			0.796604 (0.6415)
家庭の資産（牛）	0.691372 (0.6632)			1.384177* (0.7417)
飲料水（井戸）	0.994121 (1.3659)			1.452813 (1.3451)
家事労働時間	0.616476** (0.2994)			0.424606 (0.3330)
通学時間	-2.033393*** (0.6997)			-2.045104*** (0.6999)
学用品（教科書）	2.109429 (2.2014)			1.437282 (2.1377)
年齢		-0.362018* (0.1983)		-0.416437* (0.2255)
入学年齢		0.860358* (0.4971)		1.083309* (0.5818)
宿題		1.421144*** (0.4355)		1.728332*** (0.4662)
先生への質問		1.491344*** (0.5743)		1.587867** (0.8037)
BS校			0.663581 (0.9048)	0.035925 (1.0097)
PR校			2.089964*** (0.7796)	1.234592 (0.9499)
TA校			1.089901 (0.8522)	1.899784 (1.1723)
PC校			2.235376*** (0.8089)	3.103163*** (0.9811)
KT校			1.682461* (0.9060)	1.147917 (1.0822)
KH校			2.171533** (0.9377)	1.373849 (1.1549)
2016年ダミー	-1.889470*** (0.5184)	0.138225 (0.5969)	-0.943687* (0.4837)	-0.912959 (0.8671)
定数項	7.546049** (3.1892)	5.969893** (2.9691)	9.921090*** (0.6481)	1.924605 (4.1308)
観測数	354	382	420	333
R^2	0.10	0.07	0.03	0.20
自由度修正済 R^2	0.08	0.05	0.01	0.15

注）基準校は ME 校．***は 1 ％，**は 5 ％，*は10％の有意水準，括弧内の値は標準誤差．

両者の相関係数は0.62と高く，これらを同時に説明変数に含めると多重共線性の可能性があるので，母親の職業を説明変数とした.

第2に，家庭の資産（牛）が多いと，児童の学力は高くなる．家庭の資産は家庭の経済状況を表す．ここでは，バイクと家畜（牛）を家庭の資産として用いた．モデル1では，バイクも有意な変数である．農村地域において，バイクは不可欠な移動手段である．また農家では，豚や鶏は販売目的で飼育される場合が多いが，牛は，運搬・農耕・堆肥生産の手段であると共に，家計の貯蓄の手段でもある．この結果は，家庭の経済状況が子供の学力に影響することを示している.

家庭の飲料水の水源（井戸）も家庭の資産の一部であるが，明確な結果を得ることはできなかった．生徒の95％が井戸水にアクセスできているからであろう．衛生的な水にアクセスすることができれば，健康状態を維持することができる．健康状態は児童の学力に影響を及ぼす可能性がある．子供の健康状態の改善が学校への出席率を改善し，その結果，学力を向上させたという報告もある（Karlan and Appel 2011）．カンボジアの農村部では多くの家庭で，雨水を大きな瓶に貯めて利用している．しかし，高温多湿なカンボジアでは瓶に貯めた水は腐敗しやすく，健康を悪化させる原因になる.

第3に，通学時間が長いと，児童の学力は低下する．学校から近いほど，学力が高いということであり，これは直感的に理解できる結果である．通学時間が長くなれば，それだけ身体や学習意欲に負の影響を及ぼすと考えられる．どのような場所に学校が建設されるかは，地域の事情によるので一概には分からない．ただし，自転車の利用が可能かどうかによって通学時間に影響が出るだろう.

学習環境に関わる他の要因では，家事労働時間は，モデル4では有意ではないが，モデル1では有意に正の係数である．農村地域では，牛の世話は子供たちの仕事になっている場合が多い．このような家事労働時間が増えると，家庭での学習時間が減り，学力へ負の影響が予想される．しかし，家事労働に積極的に参加する子供は，学習意欲も高いと考えることもできる．教科書については，生徒の96％が保有し，学力への有意な変数になっていない.

2）生徒の要因

生徒の要因では，第1に，年齢が高いと，学力が低い．ただし入学年齢が高

い場合には，学力は高い．同じ3年生のクラスでも，年齢が高い児童の方が，テストの点数は低い．ただし，入学年齢の遅れのために児童の年齢が高い場合には，テストの点数は高い．留年のために年齢が高い場合には，点数を下げる可能性がある．今回の調査では，留年経験の有無についても確認している．その結果，年齢と留年経験には0.35と低いが，正の相関が認められたので，留年ダミーは説明変数から外した．なお年齢と入学年齢の相関係数は0.06と低く，また入学年齢と留年の相関係数も0.05と低い．入学が遅れた児童でも，留年するとは限らず，むしろ学力を向上させている．データでは示されていないが，男女間に有意な得点の差は認められなかった．

　第2に，宿題をする頻度や先生への質問回数が多い児童は，学力が高い．宿題をよくする児童はしない児童よりも1.7点高く，先生に質問をよくする児童はしない児童よりも1.6点高い．宿題や質問を熱心にするような学習意欲の高い児童は，学力が高くなる．この結果はGlewwe *et al.*（2011）が指摘した点，すなわち教師が宿題を出すと，高得点に繋がるという指摘と整合的である．宿題をする頻度は，生徒の学習意欲だけではなく家庭の教育環境とも関係がある可能性がある．

3）学校の要因

　学校の要因については，モデル3では，PR校，PC校，KT校，KH校が有意に正の係数になっている．モデル4では，PC校が有意に正の係数である．このことから，ME校と比べ，これらの小学校の児童の学力に有意な差があることが分かる．しかし，学校要因の変数は学校ダミーしか扱っていない．教師の教育歴（授業能力）や専門知識の相違が考えられるが，学校要因の何が影響しているかは明確ではない．

　以上の分析から明らかになったのは次の点である．第1に，家庭の要因では，① 父親の学歴，② 家庭の資産（牛），③ 通学時間が，児童の学力に有意な影響を及ぼす．カンボジア農村のような経済発展が遅れた地域でも，家庭間の経済格差が大きくなると，児童の学力への影響が認められる．第2に，生徒の要因では，④ 年齢，⑤ 入学年齢，⑥ 宿題をする頻度，⑦ 先生への質問回数が，学力に影響を及ぼす．従来十分に検討されてこなかった生徒の学習意欲は，発展途上国における初等教育でも学力に影響を及ぼす．第3に，学校の要因は，学力に有意な影響を及ぼすが，その内容については明確ではない．

4.3　推計結果に関する検討

１）学校の要因に関する検討

　調査では，学校の設備や担任教員の特性などの項目についてもアンケートを実施した．しかし，すべての小学校について，いずれの項目でもほぼ同じ結果を得たために，これらの変数を推計に用いることができなかった．学校間の相違で確認できたのは，学校群（クラスター）の中で，PR校はクラスターの中心校であるが，その他の小学校はサテライト校であるという点である．調査結果から，小学校ごとの学力の差については，以下の点に留意する必要がある．

　第１に，１クラスの生徒数が学力に及ぼす影響は確認できなかった．１クラスの生徒数が学力に及ぼす影響については，日本でも議論が行われている（中室 2015）．アンケート調査の結果から学校間には，１クラスの生徒数に明確な相違がある．しかし表5.1からも分かるように，PR校（2015年）は，１クラスの生徒数が多いが，平均点は高い．他方，KT校（2015年）は，１クラスの生徒数は少ないが，平均点は高くない．よって，１クラスの生徒数が学力の差に明確な影響を及ぼすとは考えにくい．この結果は，Glewwe *et al.*（2011）が指摘した点と整合的である．

　第２に，授業方法，教材の利用の仕方，教師の質などを明らかにするような項目が，アンケート調査において不十分であった．家庭環境や学校設備が同じであったとしても，教師の質や授業の仕方によって児童の学力に差が出ることは容易に理解できる（Kim and Rouse 2011）．この点で留意すべき点が２つある．

　１つは，教師の質（学歴・教員歴・専門知識・教科教育方法）の問題である．2015年に平均点が高かったPR校とBS校の２つの小学校では，2016年に担任がベテラン教師から新任教師に代っている．その結果平均点が，この間にそれぞれ7.1ポイントと4.7ポイント低下している．Glewwe *et al.*（2011）によると，教師の質で生徒の学力に影響するのは，教師の学歴や教員歴よりも教師の専門知識である．

　もう１つは，２学年を同時に授業する**複式学級**である．平均点の低いME校は，６学年あるが教師は３人である．そのため，１人の教師が２つの学年を担任し，同一教室で２学年を同時に教えている．教室の前と後ろに黒板があり，３年生は前の黒板を見て，５年生は後ろの黒板を見て授業を受けている．ME校を基準校として各年で推計した場合，2015年では他の５校，2016年では他の３校の成績が有意に高い．ただしGlewwe *et al.*（2011）によれば，複式学級が

学力に及ぼす影響は明確ではない．上級生が下級生を教えることによって，両方の児童の学力を向上させる可能性があるからである．

2）先行研究との比較

この分析結果を先行研究の結果と比較しよう．

第1に，家庭の要因が児童の学力に影響を及ぼすとしたBaker *et al.*（2002）やWößmann（2010）とは，特定の要因（親の学歴，家計の所得）で整合性が認められる．経済発展の遅れたカンボジア農村でも，父親の学歴・家庭の資産（牛）・通学時間は，児童の学力に影響を及ぼしている．両親の職業は学力には影響しないという点は，Wößmann（2010）と整合的である．

第2に，Heyneman and Loxley（1983）や富田・牟田（2010）が指摘した学校の要因の学力への影響については，学校間の学力格差として有意な影響が認められる．ただし，Glewwe（2002）やGlewwe *et al.*（2011）で指摘されたような具体的な要因（クラスの人数や教師の質）については，明確な結果を得られなかった．

第3に，生徒の要因，特に学習意欲が学力に及ぼす影響については，先行研究ではほとんど検討されていない．しかし本章の分析結果では，宿題への取り組みや先生への質問回数が学力に影響することが認められた．また児童の年齢や入学年齢についても，学力への有意な影響が認められた．これらの要因についてWößmann（2010）は，アルゼンチンとコロンビアでは影響が異なるとしている．

4.4　児童の学力向上に向けて

本章では，カンボジア初等教育における児童の学力の要因について，観測データをもと実証的に検討した．児童の学力向上についての主要な結論と含意は以下の通りである．

第1に，カンボジア農村の児童の学力に影響を及ぼすのは，父親の学歴，家庭の資産（牛），学校までの通学時間のような家庭の要因と共に，生徒の年齢，入学年齢，宿題をする頻度，先生への質問回数のような生徒の要因である．特に，宿題をする頻度や先生への質問回数などの児童の学習意欲を引き出すような教育が重要になる．

第2に，学校の要因も学力に影響を及ぼすことが確認されたが，具体的にど

のような学校の属性が学力に影響するかについては，明確な結果を得ることはできなかった．小学校における授業方法，教材の利用の仕方，教師の質（学歴・教師歴・専門知識・教科教育方法）などを具体的に調査し，学力との関係を分析する必要がある．

　第3に，学校の要因や家庭の要因に障害があったとしても，児童の学習意欲を引き出すような教育が行われれば，学力は向上する．教育資源が限られた地域では，直接的に児童の意欲や学力に働きかけるような仕組み，例えば，ICTを利用したオンライン学習や学習アプリを工夫する方が有効かもしれない．タブレットなどをうまく活用すれば，立派な教室がなくても，有能な教師が身近にいなくても，学力は向上するだろう．ただし，教育を学力に矮小化できないという点は大前提であるし，ICTの使い方には十分な工夫が必要である（Cristia *et al.* 2017）．

いっそうの議論のために

問題1　貧困が教育普及に及ぼす負の影響について，5つの点から検討しなさい．

問題2　教育が貧困削減に果たす貢献について，3つの点から検討しなさい．

問題3　カンボジア農村における児童の学力の要因を，3つの点から説明しなさい．

💡 議論のためのヒント

ヒント1　貧困が教育普及に及ぼす負の影響には次の点がある．① 所得格差と就学率の関係，② 家計所得と教育投資，③ 貧困と教育環境，④ 栄養状態と学力の関係，⑤ 児童労働と初等教育である．

ヒント2　教育が貧困削減に果たす効果は，① 人的資本と貧困削減，② 教育と所得格差の是正，③ 女子教育の外部効果である．

ヒント3　児童の学力に影響を及ぼす要因は，① 家庭の要因，② 学校の要因，③ 生徒の要因である．それぞれの要因について具体的に検討しよう．

第6章　環境保全
── 農村の森林保全活動 ──

2016.9.7 撮影

コミュニティ森林

─────── この章で学ぶこと ───────

　本章では，SDGsの環境保全，カンボジアの森林保全，カンボジア農村の森林保全調査について学ぶ.

　第1に，SDGsの環境保全では，経済発展と環境劣化の関係，SDGsに至る経緯，MDGsの成果と課題，SDGsの目標とターゲットについて検討する．SDGsの目標とターゲットにつては，気候変動・海洋／海洋資源・陸域生態系の分野ごとに見ていく.

　第2に，カンボジアの森林保全について，カンボジア・ミレニアム開発目標（CMDGs）の3つの指標の到達度について検討する．① 国土面積に対する森林面積の割合は48％であり，② 森林監視員数は指標を下回り，③ 薪炭材への依存率は農村部では90％近い.

　第3に，カンボジア農村の森林保全調査では，以下の点を明らかにする．① 地域住民の森林保全へのボランティア参加は，植林・森林管理・伐採制限のような森林保全の活動内容によって異なる．② 森林保全へのボランティア参加は，地域住民の社会経済的属性や村落によって異なる.

Keywords

経済発展と環境劣化　環境クズネッツ曲線　グローバル・コモンズ　気候変動　国連気候変動枠組み条約　京都議定書　パリ協定　海洋資源　生物多様性条約　国連海洋法条約　陸域生態系　森林原則声明　国連森林フォーラム（UNFF）　持続可能な森林経営　世界森林資金促進ネットワーク（GFFFN）森林面積　保護区　森林保護区域　薪炭材依存率　コミュニティ森林　国家コミュニティ森林計画　仮想評価法（CVM）　ボランティア労働意志日数森林保全　植林　森林管理　森林伐採制限　2段階2項選択方式

1　SDGsの環境保全

2000年のMDGsには，目標⑦に環境の持続可能性の確保がある．しかし，MDGsでは貧困削減と社会開発が中心であり，経済発展と環境の持続可能性との関係については明確ではなかった．SDGsでは，持続可能な環境と経済発展が両立する方向で目標が設定されている．SDGsの環境保全に関する目標は，直接的には以下の３つである．目標⑬気候変動とその影響に対処するために緊急対策を講じる．目標⑭海洋・海洋資源を確保し，持続可能な形で利用する．目標⑮陸域生態系を保護し，持続可能な森林経営・土地利用を行い，生物多様性の損失を阻止するである．

1.1　経済発展と環境劣化

経済発展と環境の持続可能との関係について検討しよう．経済発展は地球環境にどのような影響を及ぼすだろうか．経済発展と環境劣化との関係を表す曲線に**環境クズネッツ曲線**がある（Dasgupta *et al.* 2002）．

図6−1は，逆U字形の環境クズネッツ曲線ABCを表す．横軸は経済発展（1人当たり所得），縦軸は環境劣化（二酸化硫黄排出量）を表す．経済発展が転換点（B）に至るまでは，経済発展は環境劣化を伴う（点A⇒点B）．転換点を過ぎて経済が発展すると，環境劣化が低下する（点B⇒点C）．経済活動の増大は，環境汚染物質を排出し環境を劣化させる．しかしその一方で，所得の増大は環境に対する需要を増大する．転換点までは，環境需要は相対的に小さく，環境劣化が

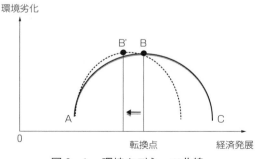

図6−1　環境クズネッツ曲線

進む. 転換点を過ぎると, 環境需要が相対的に増大し, 環境劣化は低下する.

このような経済発展と環境劣化との関係は, どのような汚染物質かに依存する. 二酸化硫黄と温室効果ガス（二酸化炭素）では, 曲線の形状が異なる. 二酸化硫黄については逆U字形が観測されるが, 温室効果ガス（二酸化炭素）については逆U字形は観測されないか, 例え観測されたとしても転換点が高くなる. 先のように所得が増大すると, 環境需要が増大する. このとき, 大気汚染や健康被害に直結するような二酸化硫黄の場合には, その削減需要（住民の要求）が高まる. しかし, 温室効果ガス（二酸化炭素）のように長期的に気候変動をもたらすが, 必ずしも健康被害に直結しないような場合には, その削減は遅れるか緩やかになる.

環境クズネッツ曲線の形状は, 制度（ガバナンス）や教育および所得格差にも依存する（Farzin and Bond 2006）. 第1に, 民主制と非民主制では環境クズネッツ曲線の形状は異なる. 民主制の場合には, 国民の意志が政策に反映されやすく, 環境需要（国民の要求）が満たされやすい. 民主主義の度合いが高い国ほど, 経済発展の転換点が低くなる（点B⇒点B'）. 第2に, 教育水準が高い国ほど, 転換点が低くなる. 教育水準が高くなると, 環境需要が多くなるからである. 第3に, 環境被害を受ける住民の相対所得が高いほど, 環境需要が多く, その交渉力が強くなる. その結果, 転換点が低くなったり, 転換点における環境劣化の水準が低下したりする.

経済発展と環境の持続可能性とは必ずしも対立しない. SDGsの個々の目標はこのような状況の達成を目指している. 目標①貧困削減, 目標④教育, 目標⑧雇用と経済成長, 目標⑩格差是正, 目標⑯ガバナンスなどは, 環境クズネッツ曲線の議論で見たように, 相互に連関しながら環境の持続可能性を促進する.

1.2 SDGsに至る経緯

気候変動・海洋／海洋資源・陸域生態系の分野ごとにSDGsに至る経緯を見ていこう. ここでの焦点は, **グローバル・コモンズ**（地球環境）の管理に関わる費用分担の問題である.

1）気候変動

地球温暖化を原因とする気候変動が顕在化している. 地球温暖化の原因は, 大気中の温室効果ガス, 特に二酸化炭素（CO_2）の増加である.

　気候変動への対応は，気候変動の① 緩和（抑制），② 適応，③ 損失・損害という点から議論される．第1に，気候変動の**緩和（抑制）**で重要なのは，温室効果ガスの排出量を削減することである．そのためには，再生可能エネルギーの割合を高めるようなエネルギー・ミックスの転換が必要になる．しかしこの転換にはコストがかかり，経済成長の足かせになる可能性がある．**国連気候変動枠組み条約**（1992年）には，温室効果ガスの排出削減において経済開発を犠牲にしないことが確認されている．第2に，気候変動への**適応**は，気候変動の影響を最小限にとどめる事後的な対応策である．第3に，気候変動による**損失・損害**とは，適応策を講じても適応しきれずに生じる損失や損害のことである．

　国際交渉の課題は，温室効果ガス排出削減のコストをどのように各国で負担するかである．1997年に各国の温室効果ガスの排出削減を決めた**京都議定書**が採択された．しかしその後，米国は京都議定書から離脱し，コスト負担の責任を放棄した．また当時発展途上国扱いだった中国は，コスト負担を免除された．2015年12月の国連気候変動枠組条約の会議において，**パリ協定**が採択された．パリ協定では，地球の平均気温を産業革命前と比べ2℃以内に抑えることを目標とし，また1.5℃以内を目指す努力をすることが合意された．英独仏は，目標の実現に向けて二酸化炭素を排出する石炭火力の全廃を決めた．しかし，日本は石炭火力を温存し，米国は今回もパリ協定から一方的に離脱した．

2）海洋・海洋資源

　この分野の課題は，生物多様性の保全と海洋資源から得られる利益の公正で衡平な分配である．1980年代に地球規模の種の絶滅の進行や人類存続に欠かせない生物資源の喪失への危機感が高まり，1992年の国連環境開発会議（地球サミット）にあわせて「生物の多様性に関する条約（**生物多様性条約**）」が採択された．この条約の目的には「生物多様性の保全」，「その構成要素の持続可能な利用」および「遺伝資源の利用から生ずる利益の公正かつ衡平な配分」が掲げられている．

　1994年に，海洋の生物多様性と持続可能な利用を推進していくために，海の憲法とも呼ばれる「海洋法に関する国連条約（**国連海洋法条約**）」が発効した．この条約は，海洋資源の衡平かつ効果的な利用や海洋生物資源の保存などを目標に掲げている．この条約において，排他的経済水域を含む海洋の環境を保護することが各国の一般的な義務であることが確認された．

2016.2.10撮影　　　　　　　　　　　　　　　　　2016.2.10撮影

写真 6-1　　トンレサップ湖の住民

　2002年の生物多様性条約の締約国会議において「2010年までに生物多様性の損失速度を顕著に減少させる」とする目標（2010年目標）が合意された．2010年に日本で開催された第10回締約国会議では，2011年以降の新たな目標（戦略計画2011-2020）を決定した．この戦略計画2011-2020には20の個別目標があるが，そのほとんどが海域の生物多様性に関連している．

3）陸域生態系

　1992年の国連環境開発会議（地球サミット）において，森林関係では初めての国際合意である**森林原則声明**（Forest Principles）が採択された．この森林原則声明では，現在および将来の世代にわたって，社会的・経済的・文化的および精神的なニーズに応えられるよう**持続可能な森林経営**が行われるべきであるとされた．この声明以降，持続可能な森林経営の推進に向けて政府間対話が開催されてきた．また地球サミットで採択された「アジェンダ21」には森林減少の対策が盛り込まれた．

　地球サミット後も，国連では継続的に世界の森林に関する議論が行われてきた．2000年以降は，**国連森林フォーラム**（UNFF）が対話の場になっている．2007年の第7回会合では，世界の持続可能な森林経営の達成に向けて，国際社会が取り組むべき内容を盛り込んだ合意文書が採択された．また2015年までに森林面積や森林関係ODAの減少傾向を反転させるグローバルな目標や指標も示された．2015年の第11回会合では，2015年以降の森林に関する国際的な枠組が合意された．さらにこれまでの発展途上国への資金援助を**世界森林資金促進ネットワーク**（GFFFN）として行うことも決まった．

1.3　MDGsの成果と課題

　2000年のMDGsの目標⑦は，「環境の持続可能性の確保」である．そのターゲットは，森林面積減少の削減，安全な飲料水へのアクセス，スラム居住者の削減などである．この目標の成果と課題について見てみよう（United Nations 2015a）．

　世界の森林面積は，約40.3億haであり全陸地面積の約31％を占めているが，年々減少している（FAO 2010）．ただし，森林面積の減少は，1990年代の830万ha／年の減少から2000年から2010年の520万ha／年の減少に減少率が低下した．安全な水の使用は，1990年の76％から2015年に91％に改善した．発展途上国のスラム居住人口比率は，2000年の39％から2014年の30％に改善した．しかし，安全な水へのアクセスには都市と農村の格差が大きい．またスラム居住者はサハラ以南アフリカで今なお多い．

1.4　SDGsの目標とターゲット

目標⑬ 気候変動に具体的な対策をしよう

　この目標達成のために，以下のような2030年までのターゲットが設定された．気候関連災害や自然災害に対する強靱性や適応力を強化する（tgt.13.1）．気候変動対策を各国の政策・戦略・計画に盛り込む（tgt.13.2）．気候変動の緩和（抑制）・適応・影響削減や早期警戒に関する教育や啓発を促進し，人的能力や制度機能を改善する（tgt.13.3）．発展途上国に2020年までに年間1000億ドルを支援する（tgt.13.a）．小島嶼後発発展途上国に対して，気候変動関連の計画策定と管理能力の向上のために支援する（tgt.13.b）．

目標⑭ 持続可能な海洋・海洋資源を確保しよう

　この目標達成のために以下のような2030年までのターゲットが設定された．あらゆる種類の海洋汚染を防止し削減する（tgt.14.1）海洋や沿岸の生態系を回復する（tgt.14.2）．海洋酸性化の影響を最小限化する（tgt.14.3）．水産資源の回復のために，漁獲量を規制し，過剰漁業や違法漁業および破壊的な漁業慣行を終了する（tgt.14.4）．科学的な情報に基づいて少なくとも沿岸域や海域の10％を保全する（tgt.14.5）．過剰漁業につながる補助金を禁止し，違法漁業につながる補助金を撤廃する（tgt.14.6）．漁業・水産養殖・観光の持続可能な管理などによって，小島嶼発展途上国や後発発展途上国の経済便益を増大させる（tgt.14.7）．

　海洋の健全性や生物多様性の向上のために，科学的知識の増進，研究能力の

向上，および海洋技術の移転を行う（tgt.14.a）．小規模・沿岸零細漁業者に対して，海洋資源や市場へのアクセスを提供する（tgt.14.b）．海洋法に関する国際法に則り，海洋・海洋資源の保全および持続可能な利用を強化する（tgt.14.c）．

目標⑮ 持続可能な陸と森林を守ろう

この目標達成のために，以下のような2030年までのターゲットが設定された．陸域生態系と内陸淡水生態系の保全・回復・持続可能な利用を確保する（tgt.15.1）．森林の持続可能な経営を促進し，森林減少を阻止し，劣化した森林を回復し，新規植林や再植林を増加させる（tgt.15.2）．砂漠化・干ばつ・洪水などの影響を受けた土地の劣化を回復する（tgt.15.3）．持続可能な開発に不可欠な便益をもたらす山地生態系の能力を強化し，山地生態系を保全する（tgt.15.4）．自然生息地の劣化を抑制し，生物多様性の損失を阻止し，2020年までに絶滅危惧種を保護する（tgt.15.5）．遺伝資源の利用から生ずる利益の公正かつ衡平な配分を推進する（tgt.15.6）．保護の対象となっている動植物種の密猟や違法取引を撲滅する（tgt.15.7）．外来種の侵入を防止し，これらの種による陸域・海洋生態系への影響を減少させる（tgt.15.8）．生態系と生物多様性の価値を各国の戦略や計画に組み込む（tgt.15.9）．

生物多様性と生態系の保全のために，資金の大幅な増額を行う（tgt.15.a）．持続可能な森林経営を推進するために，発展途上国へ資源を動員する（tgt.15.b）．保護種の密猟や違法取引に対処するために，地域コミュニティへの世界的な支援を強化する（tgt.15.c）．

2　カンボジアの森林保全

発展途上国の中でも中国・インド・ベトナムなどは植林政策によって森林面積を増大させているが，カンボジアは森林面積を減少させている．カンボジア政府は，2001年にMDGsをうけてカンボジア・ミレニアム開発目標（CMDGs）を作成し，その１つに「環境の持続可能性の確保」を掲げた（Royal Government of Cambodia 2003a）．この達成目標の中に，「森林資源の損失からの反転」をターゲットとし，2015年の国土面積に対する森林面積の割合を60％にするとした．カンボジア政府によると，1990年から2000年の間に，森林面積の22％，285万haの森林が失われた（Royal Government of Cambodia 2014）．

表6-1　CMDGsの森林保全の指標

目標⑦	ターゲット13	指標	2015年目標	現状
環境の持続可能性の確保	持続可能な開発の原則を国の政策や戦略に反映させ，環境資源の損失を阻止し，回復を図る	① 国土面積に対する森林面積の割合	60%	48%
		② 保護区の監視員の人数	1200人	960人
		③ 森林保護区域の監視員の人数	500人	315人
		④ 薪炭材への依存率	52%	62%

注）各指標の現状は以下の測定年．① 国土面積に対する森林面積：2014年，② 保護区における監視員の人数：2012年，③ 森林保護区域における監視員の人数：2012年，④ 薪炭材への依存率：2013年．
出所）Royal Government of Cambodia (2014)，Open Development Cambodia (2016).

　表6-1は，CMDGsにおける森林保全に関する指標と2015年の目標を表す．森林保全に関係しているのは，目標⑦「環境の持続可能性の確保」のターゲット13「持続可能な開発の原則を国の政策や戦略に反映させ，環境資源の損失を阻止し，回復を図る」である．ターゲット13はさらに9項目の指標に細分化されている．その中で森林保全に関する指標は，① 国土面積に対する森林面積の割合，② 保護区における監視員の人数，③ 森林保護区域における監視員の人数，④ 薪炭材への依存率である．CMDGsの各指標の2015年目標と達成状況を見てみよう．

1）森林面積

　森林保全の第1の指標は森林面積比率である．カンボジアの国土面積（約1810万ha）に対する森林面積（約866万ha）の割合は，2014年で48％であり，2005-2010年の森林減少率は1.2％である．森林減少率は東南アジア諸国の中で最も高い．

　表6-2は，東南アジア諸国における森林被覆率・森林減少率・森林面積を表す．ここで森林被覆率は，国土面積に対する森林面積の割合である．カンボジアの森林被覆率は，2015年目標値60％を下回り，ミャンマーと同じ48％（2014年）である．森林被覆率は年々減少し，72.1％（1973年），68.0％（1989年），66.7％（2000年），60.2％（2009年），47.7％（2014年）である．

　森林面積の減少に対して，カンボジア政府は，地域住民参加型の**コミュニティ森林**（Community Forest）を進めている（Forestry Administration 2013）．コミュニティ森林では，地域住民が自ら森林保全に参加し，違法伐採を規制し，森林資源を管理する．1994年に最初のコミュニティ森林計画が始まり，2002年の改正森林

表6-2　森林被覆率・森林減少率・森林面積の国際比較

国名	森林被覆率（%）	森林減少率（%）	森林面積（1,000ha）
カンボジア	48	1.2	8,660
ラオス	68	0.5	15,751
マレーシア	62	0.4	20,456
インドネシア	52	0.7	94,432
ミャンマー	48	0.9	31,773
ベトナム	42	-1.1	13,797
タイ	37	-0.1	18,972
フィリピン	26	-0.7	7,665

注）森林被覆率と森林面積の測定年について，カンボジアは2014年，カンボジア以外は2010年．
　　森林減少率の期間は2005年から2010年．
出所）FAO（2011），Open Development Cambodia（2016）．

法でコミュニティ森林は正式な制度として認められた．2006年に**国家コミュニティ森林計画**が成立し，コミュニティ森林は国家プロジェクトになった．

　図6-2①は2000-2014年における州別の森林面積の減少を表し，**図6-2**②は州別のコミュニティ森林の面積を表す．2013年現在，コミュニティ森林は全国に457あり，その森林面積は40万167ha，参加世帯は11万3529である．

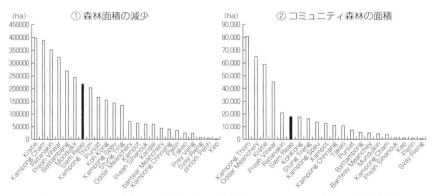

図6-2　カンボジアの森林面積の減少とコミュニティ森林の州別比較

出所）森林面積の減少はOpen Development Cambodia（2015），コミュニティ森林の面積はForestry Administration（2013）．

2016.9.4 撮影　　　　　　　　　　　　　　　　　　　　　　　2016.9.4 撮影

写真6-2　木材の利用と運搬

2）森林監視員

　森林保全の第2の指標は保護区と森林保護区の森林監視員である．カンボジアの**保護区**は，生態系や天然資源・文化資源の保護や維持を目的として定められた陸域や海域である（Ministry of Environment 2003）．2013年現在，23の保護区があり，その面積は約310万haである（Royal Government of Cambodia 2014）．**森林保護区域**は，保護区の中の1分類であり，生態系の保護と野生生物のための生息域の保全をおもな目的として設置されている．保護区の監視員は，政府管轄の下で土地の保護・管理を行う．監視員の増員は，保護区内の生物多様性の維持や森林保全にとって重要になる．ただし，保護区の設置は，森林に依存する地域住民の貧困を悪化させる場合もある（Adams and Hutton 2007）．

　森林監視員の人数は目標を下回っている．保護区の監視員は，2001年の600人から2010年の480人に減少したが，2012年には910人にまで増加した．森林保護区域の監視員は，2001年の500人から2012年の315人に減少している．その理由は，通貨危機の影響で予算が削減されたからである．2012年の人数は，目標値と比べると，保護区の監視員は240人少なく，森林保護区域の監視員は185人少ない．

3）薪炭材への依存

　森林保全の第3の指標は薪炭材への依存率である．調理の燃料となる薪炭材の利用は生態学的にも人的にも有害であり，その依存率の低下が目標に定められている．薪炭材への依存率の低下は，過度な森林伐採を防止し，森林保全を促進するうえでも重要である．

薪炭材への依存率の削減は遅れている．調理時の薪依存率は，2005年には，カンボジア全土で84.8％，都市部で43.6％，農村部で91.3％である．この値は，2010年には，カンボジア全土で79.5％，都市部で27.6％，農村部で90.1％に低下した（Royal Government of Cambodia 2011b, 2014）．しかし2015年の目標値が52％であるので，カンボジア全土の目標達成はなお遠い．都市部の依存率は低下しているが，農村部の依存率が依然として高い．

4）シェムリアップ州の現状

シェムリアップ州の森林面積の減少とコミュニティ森林を見てみよう．2000-2014年におけるシェムリアップ州の森林面積の減少は，約21万9000haであり，州別では7番目に多い（Open Development Cambodia 2015）．コミュニティ森林は37，森林面積は1万8122ha，参加世帯は9599である．コミュニティ森林の数は全国で4番目に多く，その森林面積は7番目に広い．シェムリアップ州の森林面積は39万8839ha（2014年）であるので，コミュニティ森林の比率は約4.5％である．

カンボジアの森林保全の現状は以下のようにまとめられる．① 森林被覆率（2014年）は，CMDGs目標値60％よりも12.3ポイント低く，森林面積が減少している．② 保護区における監視員の人数（2012年）は，CMDGs目標値1200人よりも240人少なく，森林保護区域における監視員の人数は目標値500人よりも185人少ない．③ 薪への依存率（2010年）は，CMDGs目標値52％を27.5ポイント上回っており，特に農村部での依存率が高い．

3　カンボジア農村の森林保全の調査

3.1　森林保全の先行研究

1）仮想評価法

カンボジア農村における森林保全活動への地域住民の参加を検討するために仮想評価法（Contingent Valuation Method：CVM）を用いる．仮想評価法は，アンケート調査によって森林保全に対する人々の評価を測る方法である（栗山 1998, Duncan 1999）．この評価法では，森林が保全された場合を仮想的に想定し，森林保全による便益を受益者に直接質問することによってその価値を測定する．

森林保全の価値には，利用価値と非利用価値がある．森林の利用価値は，

① 食料や木材などの消費可能な財から得られる直接的利用価値，② 国土保全や水源涵養機能のような間接的利用価値，③ 将来の利用のために残すオプション価値に分けられる．森林保全の非利用価値には，① 将来世帯が得る遺産価値と，② 原生林や希少動物の存在自体が意味をもつ存在価値がある．発展途上国の地域住民の場合には，直接的利用価値が大きい．

仮想評価法で測定する便益評価測度には，支払意志額（Willingness to Pay）とボランティア労働意志日数（Willingness to Work）の2つがある．支払意志額は，森林保全のために人々が最大限払ってもよいと考える金額である．**ボランティア労働意志日数**は，森林保全のために最大限ボランティア労働をしてもよいと思う日数である．発展途上国の場合，森林保全には賛成でも，所得制約が厳しく金銭での支払ができない場合がある．このような場合には，ボランティア労働日数を用いた評価が望ましい（Chaudhry *et al.* 2007）．ボランティアによる森林保全の場合には，費用が貨幣単位ではなく労働単位であるので，便益も労働単位で計測する必要がある．以下では，カンボジア農村における地域住民の森林保全へのボランティア労働意志日数を評価測度として用いる．

2）森林保全参加の先行研究

住民の森林保全への参加について，家計所得，教育水準，環境保全に関する理解という点から先行研究を検討しよう．

家計所得：森林保全への参加において，家計所得を正の有意な変数としている研究には，Yoeu and Pabuayon（2011），村中・寺脇（2005），Linde-Rahr（2008），Amiri *et al.*（2015）がある．これに対して，Brugnaro（2010）は家計所得を負の有意な変数として報告している．

Yoeu and Pabuayon（2011）は，カンボジアのトンレサップ湖の浸水林に対する農家の支払意志額を，1段階2項選択方式によるCVMを用いて測定している．被説明変数は浸水林保全に参加する農家の支払意志額であり，説明変数は，性別，年齢，家計構成員数，家計所得，教育水準，浸水林から家までの距離，浸水林保全計画への参加である．157のサンプルの重回帰分析の結果は，① 家計所得が多く，② 年齢が高く，③ 浸水林保全計画に参加している者ほど，支払意志額が多い．

日本の里山管理に対する地域住民のボランティア意志日数について，村中・寺脇（2005）は自由回答方式によって検討している．被説明変数は，里山管理

2016.9.2 撮影

2016.9.2 撮影

写真6-3 家計のエネルギー源（薪炭・バッテリー）

に対して1年に最大で何日ボランティア活動に参加できるかである．説明変数は，性別，年齢，職業，家計所得，里山への距離，里山に関する知識などである．サンプルは142であり，負二項回帰分析の結果，① 家計所得が多く，② 女性で，③ 里山に対する一般的な知識があり，④ 里山への訪問回数が多いほど，ボランティア意志日数が多い．

Linde-Rahr（2008）は，ベトナムの国有林の所有権を民間へ移転する際に，所有権の相違による地域住民の支払意志額の相違を検討している．自由記述方式で，300のサンプルのトービット分析の結果，森林の完全な私的所有権の場合でも森林の利用権だけの譲渡の場合でも，家計所得が多いほど，支払意志額は多くなる．教育水準については，森林の利用権の譲渡の場合にだけ正の有意な変数になっている．

イランにおける森林保全（特に薬草保全）に関する地域住民の支払意志額と受入補償額について，Amiri *et al.*（2015）はダブルバウンド形式の質問票で調査している．説明変数は，性別，年齢，婚姻，家計構成員数，家計所得，教育水準，環境に関する意見などである．300人の回答のロジット分析の結果，① 家計所得が多く，② 教育水準が高く，③ 家計構成員数が少ないほど，支払意志額は高くなる．

他方，Brugnaro（2010）は，家計所得を負の有意な変数として報告している．ブラジルのコルンバタイ川流域の森林回復について地域住民の支払意志額を調査している．街頭インタビューで得た930のサンプルのロジット分析の結果，① 家計所得が多く，② 年齢が高いほど，支払意志額は少ない．この結果には，ブラジル政府の過去の政策への不信感が影響している可能性があると指摘して

いる.

教育水準：教育水準を有意な変数とする研究には，Luangmany *et al.*（2009），Linde-Rahr（2008），Amiri *et al.*（2015）がある．Luangmany *et al.*（2009）は，ラオスの国立保護区の森林保全に対する支払意志額を5段階の値付けゲーム形式で調査した．森林保全のために支払可能な金額を，少ない金額から少しずつ引き上げ，賛成の回答が50％以上になる最大の金額を求めている．説明変数は，性別，年齢，家計所得，教育水準，保護区から住居までの距離である．400人の回答のロジット分析の結果，①教育水準が高く，②女性であるほど，支払意志額が多い．Linde-Rahr（2008）とAmiri *et al.*（2015）も既述のように，教育水準が高いほど，支払意志額が多いとしている．

環境保全に関する理解：環境保全に関する理解を有意な変数とする研究には，Stone *et al.*（2008），村中・寺脇（2005），Yoeu and Pabuayon（2011）がある．

Stone *et al.*（2008）は，インド西海岸におけるマングローブ林回復への地域住民の参加について，男性漁民，女性漁民，米作農民などの属性に分けて検討している．説明変数は，年齢，家計構成員数，教育水準，沿岸保護・浸食についての知識，マングローブ林の利用目的や価値などである．287のサンプルのロジット分析の結果，その属性によって参加の要因が異なることを示した．①男性漁民は沿岸部保護，②女性漁民は沿岸部浸食，③米作農民は害虫を食べる鳥に，それぞれ関心を持っている．これらへの関心が高いほど，それぞれ支払意志額やボランティア労働日数が多くなる．Yoeu and Pabuayon（2011）と村中・寺脇（2005）も既述のように，環境保全や地域に関する理解があるほど，支払意志額やボランティア労働が多いとしている．

2016.9.6 撮影　　　　　　　　　　　　　　　　2016.9.1 撮影

写真6-4　農村の薪利用

　先行研究の結果から以下の傾向が分かる．第 1 に，家計所得は，一般的には高い方が森林保全への参加が多くなる．第 2 に，教育水準も，一般的には高い方が，支払意志額が高く，ボランティア労働が多くなる．第 3 に，環境保全に関する知識が多いほど，森林保全への参加率が高くなる．

3.2　調査概要とデータ

　聞き取り調査は，2016 年 9 月 1 日から 8 日までの 8 日間，シェムリアップ州チクレン郡（Chi Kraeng District）の農村において実施した．調査対象地域は 7 村落で，調査対象者は 233 人である．村落の各農家を訪問し，個別対面方式によって聞き取り調査を行った．7 村落中，TP 村を除く 6 村落で JVC が多様な支援活動を行っている．その活動の中に，地域住民への環境教育や植林祭が含まれる．

　この調査では，森林保全の仮想的なプロジェクトを想定し，調査対象者にそのプロジェクトへの参加を呼びかけた．質問は 2 段階 2 項選択方式で行い，その主要な質問項目は以下の 3 点である．第 1 に，森林保全（植林か森林管理）のためのボランティア労働の参加日数，第 2 に，ボランティア労働に参加する場合に，植林活動と森林管理のどちらに参加するか，第 3 に，森林伐採制限への参加日数．

　第 1 の質問項目については，地域住民が森林保全活動に 1 年間に最大限参加してもよいと思う日数を質問した．森林保全活動には植林か森林管理が含まれる．第 1 段階の質問で，年 1 回の森林保全活動への参加を質問した．これに参加すると回答した場合，第 2 段階の質問で年 2 回の森林保全活動への参加を質問した．第 1 段階の質問で参加しないと回答した場合には，第 2 段階では 2 年に 1 回の参加を質問した．

　第 2 の質問項目は，第 1 の質問に対して少なくとも 2 年に 1 回以上ボランティア労働に参加してもよいと回答した場合に，植林活動と森林管理のどちらに参加したいか，あるいは両方に参加したいかを質問した．

　第 3 の質問項目は，地域住民が 1 カ月のうち森林伐採制限に参加してもよいと思う日数を，2 段階 2 項選択方式で質問した．第 1 段階の質問では，月 2 日の伐採制限への参加を質問した．これに参加すると回答した場合，第 2 段階の質問で，月 3 日の伐採制限への参加を質問した．第 1 段階で参加しないと回答した場合には，第 2 段階では月 1 回の伐採制限への参加を質問した．

146

表6-3は，調査対象者の社会経済的属性を表す．233人の対象者の内，男性が74人，女性が159人である．年齢の平均は42.3歳であり，家計所得の平均は42.9USドル／月である．家計構成員数の平均は4.9人，子供の人数の平均は2.9人，出稼ぎ者の人数の平均は0.3人である．教育水準は小学校中退が80.1％を占める．DS村は小学校中退率が最も高く94％である．

職業（複数回答）は，96.6％が農業に従事し，76.4％が林業に従事している．林業への依存は，TP村100％，KS村93.3％が高く，DS村は最も低く34.4％で

表6-3　社会経済的属性の記述統計

変数		OL村	Ch村	DS村	KS村	TV村	RO村	TP村	全村
観測数		30	53	32	60	20	30	8	233
性別	（男性）	10	11	11	25	7	7	3	74
	（女性）	20	42	21	35	13	23	5	159
年齢		46.7	41.5	43.1	40.3	51.0	38.0	37.5	42.3
家計所得（USドル）		54.3	42.3	31.9	40.5	52.5	40.0	56.3	42.9
家計構成員数		5.1	4.6	5.1	4.7	5.7	5.1	4.0	4.9
子供の人数		3.0	2.8	3.1	2.6	3.5	3.1	2.1	2.9
出稼ぎ人数		0.6	0.3	0.6	0.3	0.8	0.3	0	0.3
教育水準									
	（小学校中退）	26 (87)	43 (81)	30 (94)	40 (67)	15 (75)	27 (90)	6 (75)	187 (80.1)
	（小学校卒業）	0	2	1	4	1	2	0	10
	（中学校中退）	2	3	1	0	2	1	1	10
	（中学校卒業）	0	4	0	6	2	0	1	13
職業	（農業）	30 (100)	50 (94.3)	30 (93.8)	60 (100)	19 (95)	30 (100)	6 (75)	225 (96.6)
	（林業）	19 (63.3)	48 (90.6)	11 (34.4)	56 (93.3)	17 (85)	19 (63.3)	8 (100)	178 (76.4)
	（小売り）	5	3	2	6	1	2	1	20
	（出稼ぎ）	9	11	13	12	11	5	0	61
	（その他）	12	7	2	16	4	10	2	53
森林利用	（燃料）	29 (96.7)	53 (100)	31 (96.9)	60 (100)	20 (100)	30 (100)	8 (100)	231 (99.1)
	（食料）	12	18	12	33	15	NA	4	94 (40.3)
	（木材）	2	8	4	3	1	1	1	20

注）括弧内は％．

表6-4　森林保全活動への参加

	観測数	森林保全（植林か森林管理）		森林管理		森林伐採制限	
		人数	平均（％）	人数	平均（％）	人数	平均（％）
OL村	30	25	83.3	12	40.0	19	63.3
CH村	53	38	71.7	19	35.8	19	35.8
DS村	32	27	84.4	19	59.4	27	84.4
KS村	60	50	83.3	26	43.3	37	61.7
TV村	20	12	60.0	6	30.0	12	60.0
RO村	33	25	75.8	18	54.5	14	42.4
TP村	8	4	50.0	2	25.0	4	50.0
全村	233	181	77.7	102	43.8	132	56.7

ある．森林の利用目的（複数回答）では，薪炭などの燃料が最も多く99.1％である．それ以外では，食料や家畜の飼料などがある．CMDGsでは，薪炭材への依存率の削減が掲げられている．しかし調査対象地域では，この依存率がきわめて高い．この地域にはプロパンガスはまったく普及しておらず，バッテリー電源も調理では利用されていない．

　表6-4は，森林保全活動（植林・森林管理・伐採制限）への参加意識を表す．ここで，森林保全（植林か森林管理）と森林管理は年2回の参加であり，伐採制限は月3日の参加である．森林保全への参加は181人で参加率77.7％，森林管理への参加は102人で参加率43.8％，伐採制限への参加は132人で参加率56.7％である．調査対象者の8割近くが植林か森林管理に参加すると回答しているが，森林管理への参加率は4割強に低下する．森林管理への住民の関心の低さは，JVCへの聞き取り調査（2016年2月）でも指摘された．

　森林保全活動への参加には村落間で相違がある．DS村は，植林・森林管理・伐採制限のすべてにおいて最も参加率が高い．森林保全への参加率は，DS村の84.4％が最も高く，TP村の50.0％が最も低い．森林管理への参加率も，DS村の59.4％が最も高いが，最も低いのはTP村の25.0％である．伐採制限への参加率は，DS村の84.4％が最も高く，CH村の35.8％が最も低い．

　以上をまとめると，調査対象者の社会経済的属性は，住民の多くが農業に従事し（96.6％），林業の従事者（76.4％）も多い．教育水準は低く，小学校中退者が80.1％を占める．森林の利用目的では薪炭材の利用が多い（99.1％）．森林保全活動への評価では，森林保全への参加が77.7％であるが，森林管理への参加

は43.8％と高くない．伐採制限への参加は56.7％である．

4 カンボジア農村の森林保全の分析

4.1 仮説とモデル

先行研究や記述統計の結果から，以下では次のような仮説を検証する．第1に，森林保全へのボランティア参加は，地域住民の社会経済的属性や村落によって異なる．第2に，性別・年齢・家計構成員数・家計所得・教育水準・職業・森林利用目的などの相違は，植林や森林管理および伐採制限に影響を及ぼす．

森林保全活動への参加関数を以下のように想定する．被説明変数は森林保全に参加する確率である．ここでは，以下の3つの変数を取り上げる．① 森林保全（植林か森林管理）に年2日参加する確率，② 2年に1日以上森林保全に参加する場合に，森林管理に参加する確率，③ 森林伐採制限に月3日参加する確率である．説明変数は，① 個人の社会経済的属性と② 村落の属性からなる．① 社会経済的属性は，性別，年齢，家計所得，家計構成員数，子供の人数，出稼ぎ人数，教育水準，職業，森林利用目的に分けられる．② 村落の属性は，7村落をダミー変数によって区別する．以下の推計はロジット分析で行った．

4.2 推計結果

1）森林保全への参加

森林保全活動へのボランティア労働参加について，**表6-5**をもとに検討しよう．モデル1は家計構成員数・子供の人数・出稼ぎ人数を説明変数にし，モデル2は家計所得・教育水準・職業を説明変数とし，モデル3は森林の利用目的を説明変数にしたものである．モデル4は有意な説明変数を中心に推計し，モデル5はすべての説明変数を用いて推計したものである．

森林保全活動への参加ではモデル5を見ると，性別，年齢，家族構成員数，子供の人数，教育2（小学校卒業），職業1（農業），職業2（林業），職業3（小売り・出稼ぎ），DS村が有意な変数である．

性別，家計構成員数，職業1（農業），職業2（林業），職業3（小売り・出稼ぎ），DS村の係数は正の値をとっている．したがって，以下のような関係が得られる．女性よりも男性で，家計構成員数が多いほど参加確率が高くなる．農業，林業，小売り・出稼ぎへの従事者は参加確率が高い．DS村は，基準村であるOL村

表 6-5　森林保全（植林・森林管理）への参加

	モデル1 係数	モデル2 係数	モデル3 係数	モデル4 係数	モデル5 係数
家計構成員数	0.9766*** (0.3472)			0.8718* (0.4518)	0.9113* (0.4830)
子供の人数	-1.0102*** (0.3653)			-0.9270* (0.4808)	-0.9275* (0.5092)
出稼ぎ人数	-0.0919 (0.2044)				-0.3403 (0.2956)
家計所得		0.0087 (0.0069)			0.0040 (0.0105)
教育2（小学校卒）		-0.2246 (0.8396)		-2.6092** (1.1259)	-2.7083** (1.1968)
教育3（中学中退）		1.1375* (0.6567)			0.3020 (0.8851)
職業1（農業）		1.8079** (0.8659)		3.0698** (1.3031)	3.4445** (1.4980)
職業2（林業）		-0.0134 (0.3834)		1.3446** (0.6285)	1.4626** (0.7291)
職業3（小売・出稼ぎ）		0.6016* (0.3350)		1.6900*** (0.5003)	1.8615*** (0.6228)
森林利用1（食料）			-0.6674* (0.3658)	-0.8018* (0.4768)	-0.6695 (0.4986)
森林利用2（木材）			-0.8510 (0.5664)		-0.2674 (0.7089)
性別				1.0254* (0.5385)	0.9865* (0.5486)
年齢				-0.0599*** (0.0184)	-0.0546*** (0.0196)
CH村					0.0896 (0.8558)
DS村				2.1817** (1.0300)	2.3210** (1.1154)
KS村					-0.0719 (0.8168)
TV村				-1.1121* (0.6669)	-1.1163 (0.8489)
TP村				-1.9217** (0.9695)	-1.9281 (1.2025)
観測数	232	227	183	177	176
疑似決定係数	0.0412	0.0571	0.0294	0.2913	0.2984
対数尤度	-117.15	-114.01	-95.671	-67.030	-66.177

注）村落ダミーの基準村は OL 村．RO 村は，森林の食料利用データがないため，村ダミーから除外．***は1％，**は5％，*は10％の有意水準，括弧内の値は標準誤差を表す．

と比べ参加確率が高い.

　年齢，子供の人数，教育2（小学校卒業）の係数は負で有意である．高齢者になるほど，参加率は低下する．また子供の人数が多いほど，参加が低下する．小さな子供が多いと，その世話のために参加が難しくなる可能性がある．教育2は小学校卒業であり，多くの住民が小学校中退の中で，小学校卒業者は参加確率が低下する．学校教育は，この地域では森林保全への参加の有意な要因ではない.

　モデル4は，モデル5において有意な変数を中心に推計し直したものである．モデル5で有意な変数はすべて有意で，符号も同じである．このモデル4では新たに有意な変数がある．第1に，森林利用1は食料のための森林利用である．係数の符号が負なので，このような森林利用者は森林保全への参加が低下する．第2に，村落ダミーにおいて，TV村とTP村の係数が負であるので，これらの村落は基準村のOL村と比べ，森林保全への参加が低下する.

2）森林管理への参加

　森林管理への参加について，**表6-6**をもとに検討しよう．モデル1-5の内容は上と同じである．森林管理への参加について，モデル5をみると有意な変数はDS村ダミーしかない．記述統計で見たように，すべての村落の住民は，森林保全への参加には積極的であるが，森林管理には積極的ではない．DS村だけは，森林保全だけでなく，森林管理についてもOL村と比べ有意に参加確率が高い.

　モデル4は，モデル5において有意ではない説明変数を順に外して推計したものである．このモデルでは，家計構成員数，子供の人数，森林利用2（木材），DS村，TV村が有意な変数である．家計構成員数が多いと，森林管理への参加確率が高くなる．子供の人数の増加は参加確率を低下させる．森林の木材利用は，森林管理への参加を低下させる．村落ダミーについては，DS村は参加確率が高いが，TV村は参加確率が低い.

3）森林伐採制限への参加

　森林伐採制限への参加について，**表6-7**をもとに検討しよう．モデル1〜5の内容は上と同じである．モデル5はすべての説明変数を用いて推計したものである．有意な変数は，家計所得，職業2（林業），CH村である．森林保全

表 6-6　森林管理への参加

	モデル 1 係数	モデル 2 係数	モデル 3 係数	モデル 4 係数	モデル 5 係数
家計構成員数	0.4552** (0.2209)			0.4917** (0.2207)	0.3841 (0.2615)
子供の人数	-0.3763 (0.2294)			-0.3972* (0.2247)	-0.3606 (0.2743)
出稼ぎ人数	0.1616 (0.1879)				0.0319 (0.2424)
家計所得		0.0082 (0.0054)			0.0067 (0.0074)
教育 2 （小学校卒）		-0.8359 (0.7216)			-0.6220 (0.9592)
教育 3 （中学中退）		0.2739 (0.4075)			0.2713 (0.5283)
職業 1 （農業）		-0.2656 (0.7810)			-1.4008 (1.1215)
職業 2 （林業）		-0.1629 (0.3285)			0.6513 (0.5884)
職業 3 （小売・出稼ぎ）		0.2656 (0.2524)		0.3481 (0.2314)	0.4111 (0.3379)
森林利用 1 （食料）			-0.2052 (0.3036)		-0.4736 (0.3692)
森林利用 2 （木材）			-1.0815 (0.6649)	-0.9922* (0.5609)	-1.1340 (0.7331)
性別				0.2201 (0.3003)	0.3935 (0.3709)
年齢					0.0095 (0.0127)
CH村					0.3133 (0.6128)
DS村				0.7984* (0.4169)	2.0973* (0.7909)
KS村					0.3438 (0.5722)
TV村				-0.9452* (0.5480)	-0.5768 (0.7067)
TP村				-0.6796 (0.8567)	-1.0120 (1.1525)
観測数	232	227	183	232	176
疑似決定係数	0.0215	0.0258	0.0149	0.0630	0.1052
対数尤度	-155.68	-151.47	-122.00	-149.089	-106.53

注）村落ダミーの基準村はOL村．RO村は，森林の食料利用データがないため，村ダミーから除外．***は 1 ％，**は 5 ％，*は10％の有意水準，括弧内の値は標準誤差を表す．

表 6 - 7　森林伐採制限への参加

	モデル1 係数	モデル2 係数	モデル3 係数	モデル4 係数	モデル5 係数
家計構成員数	-0.1344 (0.2099)				-0.1008 (0.2961)
子供の人数	0.4309* (0.2248)			0.4667*** (0.1330)	0.5205 (0.3205)
出稼ぎ人数	0.0501 (0.2155)				0.2963 (0.3777)
家計所得		-0.0266*** (0.0060)		-0.0236*** (0.0068)	-0.0207** (0.0082)
教育2（小学校卒）		-0.2229 (0.7413)			-0.3554 (1.0853)
教育3（中学中退）		-0.2013 (0.4251)			0.3978 (0.5878)
職業1（農業）		-1.4027 (0.8957)		-1.1817 (1.0551)	-1.3179 (1.1500)
職業2（林業）		-1.0805*** (0.3748)		-1.2630** (0.5022)	-1.3391** (0.6261)
職業3（小売・出稼ぎ）		0.4114 (0.2718)			-0.2076 (0.3960)
森林利用1（食料）			0.9159*** (0.3087)	0.7123** (0.3615)	0.5829 (0.3919)
森林利用2（木材）			0.3840 (0.5833)		0.5246 (0.6477)
性別					-0.4108 (0.4024)
年齢					0.0137 (0.0139)
CH村				-1.3451*** (0.4188)	-1.1429* (0.6432)
DS村					0.5848 (0.9474)
KS村					0.4750 (0.5921)
TV村					0.1829 (0.7712)
TP村					0.2212 (1.0002)
観測数	230	225	181	179	174
疑似決定係数	0.0429	0.1160	0.0391	0.2137	0.2353
対数尤度	-150.4428	-136.42	-118.88	-96.382	-91.506

注）村落ダミーの基準村はOL村．RO村は，森林の食料利用データがないため，村ダミーから除外．***は1％，
　　**は5％，*は10％の有意水準，括弧内の値は標準誤差を表す．

とは異なる要因が，伐採制限には影響している．

　家計所得の係数の符号が負である．よって，家計所得の増大は伐採制限への参加を低下させる．職業2（林業）の係数の符号も負なので，林業への従事は伐採制限への参加を低下させる．森林の伐採制限は，林業従事者にとって経済利益に反するからである．CH村の係数の符号も負である．CH村が伐採制限に消極的であることが分かる．CH村は，林業への従事者が90.6％と高く，伐採制限への参加率は35.8％と全村の中で最も低い．

　モデル4は，モデル5において有意ではない説明変数を順に外して推計したものである．このモデルでは，モデル5で有意な変数は同様に有意であり，さらに子供の人数と森林利用1（食料）が有意になっている．子供の人数が多いと，伐採制限への参加を高める．森林での食料利用も，伐採制限への参加確率を高める．

4.3　推計結果に関する検討
1）森林保全活動の相違

　森林保全活動への参加に影響を及ぼす社会経済的属性は，植林・森林管理・伐採制限のような活動内容によって異なる．

　第1に，性別や年齢は，森林保全活動には影響するが，森林管理や伐採制限には影響しない．森林保全活動への参加は，男性の方が高く，また年齢が若い方が高い．家計構成員数の増加は，森林保全活動と森林管理への参加を高めるが，伐採制限には影響しない．子供の人数が多いと，森林保全や森林管理への参加が低下するが，伐採制限への参加は高まる．伐採制限への参加は，子育てと両立し，積極的な行動が必要ないからである．

　第2に，家計所得の増大は，森林保全活動や森林管理には影響しないが，伐採制限への参加を低下させる．農業などに比べて林業の所得が高い可能性がある．教育水準が高いと，森林保全への参加を低下させるが，森林管理や伐採制限には影響しない．小学校卒業者は，小学校中退者と比べ森林保全活動への参加が低い．

　職業別では，農業への従事は，森林保全活動への参加を高めるが，森林管理や伐採制限には影響しない．林業への従事は，森林保全活動への参加を高めるが，伐採制限への参加を低める．森林の利用目的では，食料利用の場合には，森林保全活動への参加を低めるが，伐採制限のへの参加を高める．木材利用の

場合には，森林管理への参加を低める．森林管理によって木材利用が規制されると判断された可能性がある．

　第3に，村落ダミーは，CH村，DS村，TV村，TP村について，OL村と比較して有意な影響が認められる．CH村は伐採制限への参加が低く，TP村は森林保全活動への参加が低い．DS村は森林保全活動と森林管理への参加が高い．これに対して，TV村は，森林保全活動と森林管理への参加が低い．村落によって森林の生態や利用目的に相違がある可能性がある．

2）先行研究との比較

　森林保全への参加に影響を及ぼす要因を先行研究と比較しよう．

　第1に，家計所得について，Linde-Rahr (2008)，Yoeu and Pabuayon (2011)，Amiri *et al.* (2015) は，家計所得が高い方が，支払意志額が多いとしている．村中・寺脇 (2005) でも，家計所得が多い方が，ボランティア労働への参加が多い．本章の結果はこれらの先行研究とは異なる．家計所得は，森林保全や森林管理には影響しない．他方，伐採制限では家計所得が高い方が，伐採制限への参加が低くなる．森林伐採については，家計所得の増大が環境劣化を伴うという，環境クズネッツ曲線の転換点に至る前の状況が見られる．

　第2に，教育水準については，Linde-Rahr (2008)，Luangmany *et al.* (2009)，Amiri *et al.* (2015) は，教育水準が高い方が，支払意志額が多いとしている．本章の結果はこれらの先行研究とは異なる．小学校中退者よりも卒業者の方が，森林保全活動への参加が低い．しかし，森林管理や伐採制限への教育水準の影響はない．初等教育水準の相違は，環境教育という点では大きな相違はないと考えられる．

　第3に環境保全に関する理解については，村中・寺脇 (2005)，Stone *et al.* (2008)，Yoeu and Pabuayon (2011) は，環境保全や地域に関する理解があるほど，支払意志額やボランティア労働が多いとしている．調査対象地域では，学校教育は必ずしも環境教育を十分に実施しているわけではない．しかし，森林保全活動への参加が8割近くあるのは，JVC (NGO) が環境教育や植林活動を継続的に行っているからだと思われる．

4.4　森林保全活動の促進に向けて

　カンボジア農村における森林保全活動への参加について観測データをもとに

実証的に分析した．主要な結論は以下のように要約される．

　第1に，森林保全活動への地域住民の参加は，植林・森林管理・伐採制限のような森林保全の活動内容によって異なる．地域住民の8割近くが森林保全（植林か森林管理）には積極的に参加するが，森林管理への参加は約4割強に低下する．伐採制限への参加率は6割弱である．

　第2に，森林保全活動への参加は，地域住民の社会経済的属性によって異なる．① 森林保全活動（植林か森林管理）への参加は，男性，若年者，家計構成員数が多い，子供の人数が少ない，小学校中退，農業・林業などへの従事，森林への食料の依存などの要因がその参加率を高める．② 森林管理への参加は，家計構成員数が多い，子供の人数が少ない，林業への従事，森林への木材の依存などの要因がその参加率を高める．③ 伐採制限への参加は，家計所得が少ない，子供の人数が多い，森林への食料依存などの要因が参加率を高める．他方，林業への従事や小学校卒業者は（中退者よりも）参加率が低い．

　第3に，先行研究とは異なり，家計所得や教育水準は，森林保全活動への参加に必ずしも有意な要因ではない．家計所得の増大が，森林伐採制限への参加を消極的にしたり，教育水準の上昇が森林保全活動への参加を抑制したりしている．しかし，環境保全に関する理解の向上は，先行研究と同様に森林保全活動を促進すると考えられる．

いっそうの議論のために

問題1　気候変動の緩和（抑制），国連海洋法条約，森林原則声明について，それぞれの目的について説明しなさい．

問題2　環境クズネッツ曲線について説明し，環境保護政策が環境クズネッツ曲線の形状にどのような影響を及ぼすか検討しなさい．

問題3　カンボジア農村における森林保全への参加において，① 森林保全（植林と森林管理），② 森林管理，③ 伐採制限に分けてどのような属性を持った住民が活動に参加する確率が高いかについて検討しなさい．

💡 議論のためのヒント

ヒント1　気候変動の緩和（抑制）は地球温暖化を抑制するための政策である．

　国連海洋法条約は海の憲法と呼ばれている．森林原則声明は持続可能な森林経営に関する声明である．

ヒント2　環境クズネッツ曲線がどのような形状をしているか確認しなさい．環境保護政策が，この曲線の頂点（環境劣化）と横幅（1人当たり所得）に及ぼす影響を考えてみよう．

ヒント3　① 森林保全（植林と森林管理），② 森林管理，③ 伐採制限には，参加する住民の属性が異なる．

第7章 幸福度
——農村女性の幸福度——

2015.2.25撮影

仕事に励む女性たち

―― この章で学ぶこと ――

　本章では，カンボジア農村女性の幸福度と主観的健康度に社会関係資本が及ぼす影響について学ぶ．特に以下の点について学ぶ．

　第1に，カンボジア農村女性の幸福度には次の要因が影響する．家計所得が多く，人に金銭を貸与し，家族への信頼が篤く，社会活動に参加し，主観的健康度が高い女性ほど，幸福度は高くなる．他方，家族に5歳未満児がいたり，貧困認定（ID Poor）を受けていたり，学歴（小学校卒業）が高かったりする女性は，幸福度が低い．

　第2に，主観的健康度には以下の要因が影響する．幸福度と同様に，家族への信頼が篤く，人に金銭を貸与し，社会参加する女性ほど，主観的健康度は高い．しかし主観的健康度には，幸福度と異なる要因が影響している．子供の生存人数が多い女性は，主観的健康度が高い．他方，年齢が高く，出産人数が多く，貧困認定（ID Poor）を受けていると，主観的健康度は低くなる．

　第3に，幸福度と主観的健康度には，社会関係資本が影響している．信頼（家族）や互酬性（金銭貸与）で表される認知的社会関係資本や，社会参加で表される構造的社会関係資本は農村女性の幸福度や主観的健康度を高める．

Keywords

農村女性　幸福度　主観的健康度　社会関係資本　認知的社会関係資本　信頼　互酬性の規範　構造的社会関係資本　社会的ネットワーク　結束型社会関係資本　橋渡し型社会関係資本　親族（ボーン・プオーン）　農村の相互扶助（チュオイ・クニア）　願望水準　相対所得　相対的貧困

1　幸福度を探る

　幸福度や主観的健康度に社会関係資本が及ぼす影響に関する研究が行われるようになって久しい．社会関係資本とは，人々の協調的行動を促すような社会的ネットワーク・互酬性の規範・信頼である．この間，社会関係資本の概念やその測定方法に関する研究が進み，幸福度や主観的健康度に及ぼす影響についての共通認識も深まっている．従来の研究において最も重要な知見の１つは，幸福度や主観的健康度が経済的な富に劣らず社会関係資本に依存しているということである（Frey 2008, Kawachi *et al.* 2008, Dolan *et al.* 2008）．ただし，先進諸国の研究は膨大な量になっているが，発展途上国の幸福度や主観的健康度に関する研究はきわめて少ない．

　このような研究状況において，本章では，カンボジア農村女性の幸福度と主観的健康度に社会関係資本が及ぼす影響について実証的に分析する．カンボジアの幸福度については，World Happiness Report（WHR），Gallup World Poll（GWP），Happiness Planet Index（HPI）による調査があるが，主観的健康度に関する調査はない．カンボジアは，WHR（2018年）では世界120位，GWP（2012年）では世界138位，HPI（2012年）では世界85位である．ASEAN10カ国の中では，カンボジアは，WHRで８位，GWPで10位，HPIでは８位である．これらの調査は評価基準が異なり，WHRは主観的幸福度，GWPは各国の生活の質，HPIはエコロジーや持続可能性を基準にしている（Yuen and Chu 2015, United Nations 2018b）．

　カンボジアは，ポル・ポト政権期（1975年４月–1979年１月）とその後のパリ和平協定（1991年10月）まで続く内戦によって，民主化や経済成長のような政治経済活動が停滞した．1998年以降のフン・セン長期政権は，民主化を抑圧しながら，2010年以降2020年の新型コロナ感染症の影響を受けるまでは７％前後の経済成長を維持してきた．このような政治経済的な激変の中で，カンボジアの社会関係資本はどのように変化し，幸福度や主観的健康度にどのような影響を及ぼしているのだろうか．

　政治経済体制の激動がもたらした負の影響に対して，社会関係資本は，カンボジアの幸福度や主観的健康度を向上させる有効な手段になっているのだろうか？　社会関係資本が幸福度や主観的健康度の向上に有効な手段であるとすれ

ば，社会関係資本のどのような点が有効なのだろうか？ このような問題に答えるためには，カンボジアにおける幸福度や主観的健康度と社会関係資本に関する実証分析が必要になる．

　本章では特に，カンボジアの農村女性の幸福度や主観的健康度に焦点を当てる．というのは，カンボジアは今なお農業国（2018年GDPの22.0％，ADB 2019b）であり，農村社会では女性が社会経済生活において重要な役割を担っているからである．以下では，幸福度も主観的健康度も個人の主観的評価である．

2　社会関係資本と幸福度

2.1　社会関係資本の定義と指標
　社会関係資本の定義・指標と，発展途上国における社会関係資本が幸福度や主観的健康度に及ぼす影響に関する先行研究について検討しよう．

1）社会関係資本の定義
　社会関係資本とは，人々の協調的行動を促進するような社会的ネットワーク・互酬性の規範・信頼である（Putnam 1993, 2000）．このようなパットナムの定義以外に，社会関係資本には多様な定義がある．コミュニティの紐帯に注目するColman（1988）の議論や，社会関係資本の個人資産としての側面を強調するBourdieu（1986）や Lin（2001）などの議論がある．Colman（1988）は，社会関係資本を① 信頼と義務，② 情報源，③ 規範とサンクションという点から検討している．

　社会関係資本は，認知的社会関係資本と構造的社会関係資本に分けられる（Harpham *et al.* 2002, Yip *et al.* 2007, Kawachi *et al.* 2008）．**認知的社会関係資本**は，社会的ネットワークから生まれる信頼や互酬性の規範および帰属意識などの主観的な関係（感情）である．これに対して**構造的社会関係資本**は，観察可能な社会的ネットワークや社会組織への参加（行動）である．

　認知的社会関係資本は信頼や互酬性の規範からなる．**信頼**は，特定的信頼と一般的信頼に分けられる．特定的信頼は，帰属する集団（家族・親族・地域）に対する信頼である．一般的信頼は，「たいていの人は信頼できると思うか」という問いに対する回答で表される．信頼はまた，個人レベルと集団レベルに分けられる．集団レベルの信頼は，集団の集合的特性を表し，集合行為を促進し，

集団の社会的凝集性（social cohesion）を表す（Kawachi *et al.* 2008：邦訳33）. **互酬性**は，何らかの返礼を期待して相手を支援する行為である．このような支援には，① 金銭的支援，② 日常的世話，③ 情緒的支援（会話・癒し・励まし）などがある（Li *et al.* 2009）．このような互酬性に関する規範が認知的社会関係資本である．

　構造的社会関係資本は，① **結束型**（家族・親族や利害を共有する排他的組織内の関係），② **橋渡し型**（組織間の異質な人々に開かれた関係），③ **連結型**（権力や行政との関係）などに類型化される（Putnam 2000, Kawachi *et al.* 2008）．結束型社会関係資本では，家族・親族・地域などの社会的ネットワーク内で信頼や互酬性の規範が生まれる（社会支援説）．これに対して橋渡し型社会関係資本では，社会的ネットワーク間で信頼や互酬性の規範が形成され，情報の伝搬や外部資源との連携が行われる（社会資源説）．構造的社会関係資本は，信頼・互酬性の規範や人々の同調行動（慣習）の媒体になる．

　構造的社会関係資本はさらに，フォーマルなもの（宗教団体・政治団体など）とインフォーマルなもの（家族・隣人・友人など）が区別される．フォーマルな構造的社会関係資本には，① 地縁的活動（町内会・自治会・老人会など），② 趣味・娯楽・スポーツ，③ ボランティア・NPO・市民活動（街づくり・環境美化・国際協力など），④ 宗教団体・政治団体・同業者組合などがある（辻・佐藤 2014）．① 地縁的活動や④ 宗教団体・政治団体などは参加者間の関係が強く，② 趣味や③ ボランティアなどはその関係が緩い．

2）カンボジア農村の指標

　以下のような信頼・互酬性の規範・社会的ネットワークの指標によってカンボジア農村の社会関係資本を測定しよう．

　信頼：家族・親族への信頼は，認知的社会関係資本の特定的信頼に相当する．カンボジア農村には，親族（ボーン・プオーン，佐藤 2017：49）を中心にした結束型社会関係資本があり，特定的な信頼や互酬性の伝統がある．婚姻は一夫一婦制であり，結婚後は女性の世帯に婚入する妻方居住が一般的である．それ故，親族関係は妻方の絆が強くなる．

　このような関係は，親族以外に対しては排他的である．一般的信頼は見られず，「だれも排除されないが，同時に，他人は，信頼できると分かるまで信頼されない」（Grahn 2006：17）．信頼の範囲は狭く，隣人や友人までである．ポル・

2019.12.11撮影（サムナン）　　　　　　2019.12.11撮影（サムナン）

写真7-1　村の結婚式

ポト政権と内戦の時期を経て，社会関係が崩壊し，恐怖と不信がカンボジア社会を特徴づけてきた（本多1989, Sen 2012）.

　互酬性の規範：金銭付与（功徳）や金銭貸与（互酬性）も，認知的社会関係資本を構成する．仏教の功徳（金銭付与）は，利他主義と言うよりは，自分自身が徳を積む行為である．カンボジア農村には何らかの事情で生じる所得減少のリスクに対して家族・親族で助け合うという互酬性（金銭貸与）の規範が存在してきた（Sen 2012）. しかし，市場経済の浸透によって，こうした互酬性の規範が侵食されてきている．ただし，このような親族間の金銭貸与（互酬性）に代わるマイクロ・ファイナンスのようなフォーマルな仕組みが十分に機能しているわけではない．

　社会的ネットワーク：構造的社会関係資本は，① 寺院／パゴダ，② 葬儀扶助，③ 学校保護者会，④ 森林組合などの社会組織への参加によって検討しよう． ① 仏教の寺院／パゴダは，村落コミュニティにおいて住民生活の重要な位置を占め（Grahn 2006, Sen 2012），日常的には週1回寺院で読経の集まりがある．上座仏教を信じるカンボジア社会では僧侶は尊敬されている． ② 葬儀扶助は，葬儀の際に費用や催事を助け合う地域住民の相互扶助である．葬式・法事・結婚式などの催事の際には地域住民の相互扶助（チュオイ・クニア，佐藤 2017：132）が行われ，コミュニティの絆を強めている． ③ 教育の地方分権化（cluster school system）が進むカンボジアでは，学校保護者会が年に何回か開催され，子供の就学支援が行われる．また学校支援委員会が機能している場合には，学校運営に地域住民が参加する（Pellini 2005）. ④ コミュニティ森林がある場合に

は，村の森林組合がこの管理をすることになる．このような構造的社会関係資本は，地域住民の相互扶助や情報共有および慣習の媒体になっている．

2.2　幸福度の先行研究

１）幸福度と社会関係資本

先進諸国の幸福度については，Frey and Stutzer（2002a, 2002b），Bruni and Porta（2005），大竹ほか（2010），Graham（2011），小塩（2014），橘木・高松（2019）などによって以下の点が指摘されている．

①性別：女性は男性よりも幸福度が高い．②年齢：幸福度はU字形を描き，若年期に高く，中年期に低下し，高齢期に再び上昇する．③学歴：高学歴は必ずしも幸福度を高めない．高学歴な人は高い**願望水準**を持ち，願望水準が満たされないと，幸福度が低下する．④所得：所得増大は必ずしも幸福度を上昇させない．その理由は，第１に，幸福度は，個人の絶対所得よりも他者との**相対所得**に依存する．第２に，所得の願望水準が時間と共に上昇し，その願望水準が満たされないと，幸福度は低下する．第３に，幸福度は，所得以外の要因，例えば心理的要因にも依存する．⑤労働：失業は幸福度を低下させる．仕事の満足度は幸福度を高める．⑥健康：主観的健康度は幸福度を高める．⑦結婚：既婚者は未婚・離別者よりも幸福度が高い．⑧子供：子供は，一般的な幸福度を高めるが，結婚の幸福度を低下させる．⑨宗教：信仰心が篤い人は幸福度が高い．

発展途上国における社会関係資本が幸福度に及ぼす影響についての研究報告は少ない．その中でASEAN5カ国（インドネシア・マレーシア・フィリピン・シンガポール・タイ）の幸福度についてKuan and Tan（2011）がアジアバロメータ（Asia Barometer Survey, 2004/2006/2007年）を用いて検討している．説明変数は，社会生活満足度（家族・友人・隣人との関係——構造的社会関係資本——），個人生活満足度（所得・健康・教育・仕事の満足度），個人的属性（年齢・性別・教育・家計所得）である．社会生活満足度と個人生活満足度は，すべての国の幸福度に有意な要因である．個人的属性は，わずかな例外を除きどの国でも幸福度に有意な要因ではない．

Yip *et al.*（2007）は，中国農村における社会関係資本が幸福度に及ぼす影響について検討している．データは2004年に山東省の農村で収集され，調査対象者は1218人（16-80歳）である．認知的社会関係資本は信頼と互酬性，構造的社

会関係資本は社会組織への参加で表される．幸福度に影響を及ぼす要因は，信頼，主観的健康度，所得，資産，初等教育，年齢，移民，結婚などである．**認知的社会関係資本**（信頼）は，幸福度にも主観的健康度にも有意な影響を及ぼしている．しかし構造的社会関係資本は，幸福度には有意ではない．

　中国雲南省における構造的社会関係資本が幸福度に及ぼす影響については，Monk-Turner and Turner（2012）の研究がある．データ収集は2003年．調査対象者は18-55歳の3641人で，平均年齢が32歳である．学歴は，小学校卒業が33％，中学校卒業が38％である．都市居住者が38％，職業は自営業が67％である．構造的社会関係資本の影響は，共産党員は幸福度を高めるが，漢民族（多数派）は幸福度を低下させる．学歴・相対所得・結婚は幸福度を高める．男性は相対所得が幸福度を高め，女性は高学歴が幸福度を高める．都市居住者は高学歴が幸福度を高め，農村居住者は相対所得が幸福度を高める．

　マレーシア女性の幸福度について，Noor（2006）は，女性の年代別生活様式に焦点をあて**結束型社会関係資本**の負の影響を報告している．調査対象者は，マレーシア都市部の21-57歳の女性389人．既婚者が91％．高校卒業以上の学歴が63％，フルタイムの就業が93％である．すべての年代の女性において，女性としての役割（子供の母親・夫の妻・両親の介護者）——結束型社会関係資本——が幸福度や健康に負の影響を及ぼしている．また仕事と家庭のバランスの問題が，20歳代女性の幸福度や健康に負の影響を及ぼしている．

　ベトナムの自営農民の幸福度に対する構造的社会関係資本の影響について，Markussen *et al.*（2018）がVietnam Access to Resources Household Survey（2012年，調査対象者2740人）を用いて検討している．自営農民の幸福度の決定要因として，構造的社会関係資本（共産党員・結婚式の参加者数）は幸福度を高める．さらに先進諸国と異なり，女性は幸福度が低い．年齢の影響はU字形を描く．教育・所得・健康・結婚は幸福度を高める．

　Gray *et al.*（2008）は，タイの高齢者（55-80歳）の幸福度に**相対的貧困**が影響することを明らかにしている．ここでの相対的貧困は，通常の定義とは異なり，隣人と比べた主観的貧困である．データは2005年にタイ中部のチャイナット県の農村で収集され，調査対象者は986人．貧困層が増大し所得格差が拡大すると，対立的な社会関係が広がり，社会関係資本が侵食される．その結果，幸福度や主観的健康度が低下する．相対的貧困以外に幸福度に影響する要因には，隣人との信頼（認知的社会関係資本），健康，負債，資産（電話・洗濯機・エアコン・車）

2019.3.23撮影 　　　　　　　　　　　　　　　　　　　　　　2018.3.20撮影

写真 7-2　働く女性

などがある.

2）主観的健康度と社会関係資本

　主観的健康度は，医学的な健康ではなく，健康状態を主観的に自己評価するものである．この指標は，医学的指標では表せない全体的な健康状態を表す．この主観的健康度の決定要因として注目されているのが社会関係資本である．

　社会関係資本が健康に及ぼす影響には，以下の点がある（Kawachi and Berkman 2000）．第1に，社会関係資本が望ましい保健行動を促進する（社会的影響）．社会的ネットワークに参加することによって健康に有益な情報が共有され，同調的な行動が行われる．第2に，社会関係資本によって心理的社会的支援を得ることができる（ストレスの緩和）．互いに励まし合いながら，健康に有益な習慣を続けることができる．第3に，社会関係資本の存在によって，健康に有益な規範が守られたり，健康的な生活習慣が作られたりする（インフォーマルな社会的統制）．個人では継続が難しい禁煙や散歩などを一緒に習慣にすることができる．第4に，社会関係資本が豊かな地域では，市民活動が活発になり，行政との協力によって健康を促進する環境が充実する（集合的効力）．

　先進諸国に関する調査結果は多く報告されている．例えばGiordano and Lindstrom（2010）とGiordano *et al.*（2012）は，英国のBritish Household Panel Surveyを用いて，社会関係資本が主観的健康度に及ぼす影響について検討している．Giordano and Lindstrom（2010）の研究（期間1999-2005年，調査対象者9303人）では，一般的信頼（認知的社会関係資本）と社会組織（地域・ボランティア・趣味）への参加（構造的社会関係資本）は，主観的健康度を高める．Giordano *et al.* (2012) の研究（期間2000-2007年，調査対象者8114人）では，一般的信頼・社会組織への参加（フォーマルな構造的社会関係資本）・隣人との会話（インフォーマルな構造的社会関係資本）が，主観的健康度を高める.

　発展途上国の社会関係資本と主観的健康度との関係に関する研究は少ない. その中で前掲のYip *et al.* (2007) は，中国農村の社会関係資本が主観的健康度に及ぼす影響について検討している. 主観的健康度に影響を及ぼす要因は，信頼，共産党員，年齢である. **認知的社会関係資本**（信頼）は，幸福度にも主観的健康度にも有意な影響を及ぼす. しかし構造的社会関係資本は，主観的健康度を高めるが，幸福度には影響しない. その理由は，情緒的支援が信頼にはあるが，構造的社会関係資本にはないからである.

　中国農村における社会関係資本（互酬性）が主観的健康度に及ぼす影響については，Li *et al.* (2009) も検討している. 親子の世帯間支援（① 金銭的支援，② 日常的世話，③ 情緒的支援）―認知的社会関係資本―が高齢者の主観的健康度に及ぼす影響の男女間相違について以下の点を指摘している（データは2001/2003/2006年，調査対象者は2036人）. 第1に，子世代から老親世代への日常的世話は，男性老親の主観的健康度を低下させるが，老親世代から子世代への金銭的支援は，男性老親の主観的健康度を高める. 第2に，老親世代から子世代への日常的世話と両世代間の情緒的相互支援は，女性老親の主観的健康度を高めるが，子世代から女性老親への金銭的支援は，女性老親の主観的健康度を低下させる.

　コロンビアにおける社会関係資本と主観的健康度との関係については，Hurtado *et al.* (2011) が検討している. 調査は2004/2005年に首都ボゴタで実施され，調査対象者は3025人である. 対象者は，平均年齢が36.9歳，高校卒業以下が82.8％，就業者が67.5％である. 社会関係資本については，認知的社会関係資本は① 信頼と② 互酬性，構造的社会関係資本は，③ 社会組織への参加，④ ボランティア，⑤ 署名活動などである. 主観的健康度に有意な影響を及ぼす変数は，認知的社会関係資本の① 信頼と② 互酬性と，構造的社会関係資本の③ 社会組織への参加である.

3 カンボジア農村女性の幸福度の調査

3.1 調査概要

カンボジア農村女性の幸福度と主観的健康度に関する聞き取り調査は，2018年9月3日から10日に実施した．調査地は，シェムリアップ州チクレン郡（Chi Kraeng District）の7村落である．観測単位は出産経験のある女性283人である．村落の各世帯を訪問し，個別対面方式によって聞き取り調査を行った．

この調査では，幸福度と主観的健康度について以下の質問をした．第1に，幸福度について，あなたは普段どのくらい幸福だと感じていますか．以下のものから当てはまるものに○をつけてください．① とても幸福，② やや幸福，③ 普通，④ やや不幸，⑤ 不幸．第2に，主観的健康度について，あなたは普段どのくらい健康だと感じていますか．以下のものから当てはまるものに○をつけてください．① とても健康，② やや健康，③ 普通，④ やや不健康，⑤ 不健康．

3.2 データ

表7-1と表7-2は，幸福度と主観的健康度の回答分布を表す．幸福度は，① とても幸福を5，② やや幸福を4，③ 普通を3，④ やや不幸を2，⑤ 不幸を1に定量化して計算したものである．主観的健康度も同様に，① とても健康を5，② やや健康を4，③ 普通を3，④ やや不健康を2，⑤ 不健康を1

表7-1　幸福度の回答分布

村名	とても幸福	やや幸福	普通	やや不幸	とても不幸	幸福度	観測数
OL村	0	1	23	16	0	2.62	40
CH村	3	4	44	18	3	2.79	72
DS村	0	1	15	6	4	2.50	26
KS村	0	8	42	27	1	2.73	78
TV村	0	1	10	3	0	2.85	14
RO村	1	4	14	9	3	2.70	31
CL村	0	0	14	8	0	2.63	22
全村	4 (1.4)	19 (6.7)	162 (57.2)	86 (30.4)	12 (4.2)	2.70	283

注）幸福度は平均値．括弧内は％．

表7-2　主観的健康度の回答分布

村名	とても健康	やや健康	普通	やや不健康	とても不健康	主観的健康度	観測数
OL村	0	1	18	20	1	2.57	40
CH村	0	2	46	23	1	2.68	72
DS村	1	0	17	8	0	2.76	26
KS村	0	3	45	30	0	2.65	78
TV村	0	0	8	6	0	2.57	14
RO村	0	5	8	16	2	2.51	31
CL村	0	4	13	5	0	2.95	22
全村	1 (0.4)	15 (5.3)	155 (54.8)	108 (38.2)	4 (1.4)	2.65	283

注）主観的健康度は平均値. 括弧内は%.

に定量化して計算した.

　表7-1の幸福度の分布を見ると，① とても幸福が4人 (1.4%)，② やや幸福が19人 (6.7%)，③ 普通が162人 (57.2%)，④ やや不幸が86人 (30.4%)，⑤ とても不幸が12人 (4.2%) である. とても不幸と回答した理由の中には，夫の暴力がある. 幸福度の平均値は2.70であり，また①＋②が8.1%，③が57.2%，④＋⑤が34.6%であるので，幸福度は平均的には普通よりもやや不幸に傾いている. これは図7.1の分布図からも分かる. この結果は，日本の幸福度が普通よりも幸福が多い状況 (大竹ほか 2010) とは少し異なる.

　表7-2の主観的健康度の分布を見ると，① とても健康が1人 (0.4%)，② やや健康が15人 (5.3%)，③ 普通が155人 (54.8%)，④ やや不健康が108人 (38.2%)，⑤ とても不健康が4人 (1.4%) である. とても不健康と回答した理由の中には，HIV感染がある. 主観的健康度の平均値は2.65であり，また①＋②が5.7%，③が54.8%，④＋⑤が39.6%であるので，主観的健康度も平均的には普通よりもやや不健康に傾いている. 図7-1を見ると，主観的健康度は幸福度よりも④（やや不健康）の割合が多く，平均的に主観的健康度は幸福度よりも少し低い.

　図7-2を見ると，幸福度と主観的健康度は村落間で相違があることが分かる. 幸福度は，TV村の2.85が最も高く，CH村の2.79がそれに続き，DS村の2.50が最も低い. 主観的健康度は，CL村の2.95が最も高く，DS村の2.76がそれに続き，RO村の2.51が最も低い. 7村落の内5村落は，主観的健康度よりも幸福度の方が高いが，DS村とCL村は幸福度よりも主観的健康度の方が高い. 特に，CL村は，やや健康の人の割合が多く，主観的健康度と幸福度の差が大きい.

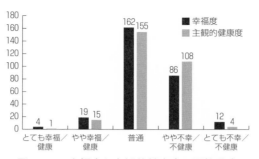

図7-1　幸福度と主観的健康度の回答分布

　表7-3は，各村落の調査対象者の社会経済的属性を表す．283人の調査対象者の平均年齢は31.4歳である．家計構成員数は平均5.2人で，その内60歳以上の人数が平均0.2人，15歳未満の子供が平均2.1人，5歳未満の子供が平均1.0人である．家計所得は，出稼ぎの仕送りを含み，平均57.4USD／月である．この内，出稼ぎの仕送りは18.0USD／月で，31.3％を占める．CL村の平均70.9USD／月が最も高く，DS村の平均47.3USD／月が最も低い．家計所得は，3択回答の階級値を，①30USD未満を15USD，②30-60USD未満を45USD，③60USD以上を75USDとして計算した．家計所得は自己評価であるが，貧困認定（ID Poor）は，政府の客観的な貧困認定である．

　教育水準は小学校中退が72.4％を占め，小学校卒業はこの地域では相対的に高学歴になる．DS村は小学校中退率が最も高く88.5％である．出産人数は平均2.39人，出産後の子供の平均生存率は94.4％である．職業（複数回答）は，94.3％が農業に従事している．直近1年以内に7日間以上の病気やケガを家族

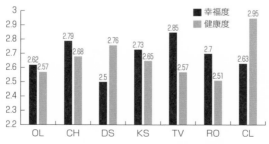

図7-2　幸福度と主観的健康度の村落別分布

表 7 - 3　社会経済的属性の記述統計

変数		OL村	CH村	DS村	KS村	TV村	RO村	CL村	全村
観測数		40	72	26	78	14	31	22	283
年齢		31.6	29.3	33.9	31.5	31.4	33.9	31.3	31.4
家計構成員数		4.2	5.2	5.2	4.9	4.9	5.8	5.2	5.2
	（60歳以上人数）	0.2	0.2	0.03	0.2	0.3	0.3	0.2	0.2
	（15歳未満人数）	2.4	2.0	2.0	1.9	2.0	2.3	2.2	2.1
	（5歳未満人数）	1.3	1.04	1.04	0.94	0.92	1.0	0.95	1.0
家計所得（USD／月）		54.8	60.8	47.3	50.4	66.4	67.3	70.9	57.4
出稼ぎの仕送り（USD／月）		21	15.8	15.0	18.1	23.6	17.9	17.7	18.0
貧困認定（ID Poor）		16	1	6	5	4	1	5	38
教育　（小学校中退, %）		33 (82.5)	51 (70.8)	23 (88.5)	52 (66.7)	6 (42.9)	23 (74.2)	17 (77.3)	205 (72.4)
	（小学校卒業以上）	7	21	3	26	8	8	5	78
職業　（農業, %）		39 (97.5)	66 (91.7)	22 (84.6)	77 (98.7)	13 (92.9)	28 (90.3)	22 (100)	267 (94.3)
出産人数　（平均）		2.37	2.38	2.42	2.23	1.92	2.83	2.63	2.39
	（生存率, %）	94.5	89.0	94.6	97.9	100	94.7	97.2	94.4
家族の病気／ケガ（%）		20 (50.0)	33 (45.8)	16 (61.5)	31 (39.7)	9 (62.3)	15 (48.4)	8 (36.3)	132 (46.6)
本人の病気／ケガ（%）		17 (42.5)	16 (22.2)	15 (57.7)	23 (29.5)	3 (21.4)	7 (22.6)	5 (22.7)	86 (30.4)
金銭の貸借　（貸与）		16	27	10	20	9	21	7	110 (38.9)
	（借入）	37	58	22	57	11	24	18	227 (80.2)
功徳（金銭付与）		5	6	5	7	6	8	4	41 (14.4)
信頼度　（家族）		4.65	4.57	4.5	4.65	4.71	4.22	4.5	4.56
	（隣人）	3.47	3.78	3.69	3.69	3.57	3.8	3.72	3.69
	（僧侶）	4.77	4.70	4.92	4.78	4.71	4.87	4.72	4.77
寺院参拝		0	6	4	0	3	1	0	14 (4.9)
社会参加（数）		1.8	1.11	1.15	2.08	1.08	1.35	1.77	1.62
	（寺院／パゴダ）	0	6	4	0	3	1	0	14 (4.9)
	（葬儀扶助）	24	37	17	40	10	17	11	156 (55.1)
	（学校保護者会）	18	17	4	37	6	16	12	110 (38.8)
	（森林組合）	4	20	4	24	4	8	1	65 (22.9)
	（その他）	25	1	1	63	10	0	15	115

注）出産人数の生存率は，最後の出産以前の数値．病気／ケガは，直近 1 年間で 7 日以上の病気やケガをした人数．
　　寺院参拝は週 1 回以上の人数．

がした者は132人（46.6％）であり，7日間以上の治療を本人がした者は86人（30.4％）である．

認知的社会関係資本は，金銭の貸借・付与（互酬性）と家族・隣人・僧侶に対する信頼度である．金銭を人に貸与したことがある者は110人（38.9％），金銭を人から借りたことがある者は227人（80.2％）である．金銭の貸与は互酬性の代理変数である．金銭付与（功徳）をしたことがある者は14.4％（41人）である．家族・隣人・僧侶に対する信頼度は，5択回答を，①とても信頼を5，②やや信頼を4，③どちらでもないを3，④あまり信頼していないを2，⑤まったく信頼していないを1に定量化して計算した．家族の信頼度は4.56，隣人の信頼度は3.69，僧侶の信頼度は4.77である．隣人よりも家族や僧侶に対する信頼度が高い．

構造的社会関係資本は，寺院／パゴダ・葬儀組合・学校保護者会・森林組合などへの社会参加である．寺院／パゴダへの参加（4.9％）は，家族の中でも高齢者が多く，調査対象者の参加は少ない．葬儀扶助への参加が156人（55.1％），学校保護者会への参加が110人（38.3％），森林組合への参加が65人（22.9％）である．

以上をまとめると，調査対象者の社会経済的属性は，平均年齢が31.4歳で多くが農業に従事し（94.3％），教育水準は低く，小学校中退者が72.4％を占める．出産人数は平均2.39人である．直近1年以内に7日間以上の病気／ケガをした者が30.4％いる．社会関係資本については，隣人よりも家族や僧侶に対する信頼が篤く，金銭付与（功徳）をする者は少なく，多くの者が金銭を人から借りた経験（80.2％）がある．社会参加については，葬儀扶助・学校保護者会・森林

2017.9.8 撮影　　　　　　　　　　　　　　　　　2018.9.3 撮影

写真7-3　村の女性

組合に参加している.

4　カンボジア農村女性の幸福度の分析

4.1　仮説とモデル

　先行研究や記述統計の結果から,以下では次のような仮説を検証する.第1
に,カンボジア農村女性の幸福度は,主観的健康度や社会関係資本によって影
響を受ける.第2に,主観的健康度は,幸福度とは異なる要因によって影響を
受ける.第3に,幸福度と主観的健康度は,認知的社会関係資本や構造的社会
関係資本の影響を受ける.

　幸福度と主観的健康度の関数を以下のように想定しよう.被説明変数は幸福
度と主観的健康度である.説明変数は,① 個人的属性,② 社会関係資本,
③ 村落の属性からなる.① 個人的属性は,年齢,出産人数,家計構成員数,
家計所得,直近1年以内に7日間以上の病気／ケガの治療の有無などに分けら
れる.② 社会関係資本は,家族・隣人・僧侶への信頼,金銭貸与（互酬性）,金
銭付与（功徳）,寺院／パゴダ・葬儀扶助・学校保護者会・森林組合などへの社
会参加からなる.家族・隣人・僧侶への信頼,金銭貸与（互酬性）,金銭付与（功
徳）は認知的社会関係資本の代理変数であり,社会組織への参加は構造的社会
関係資本の代理変数である.③ 村落の属性は7村落をダミー変数によって区
別する.以下の分析は,幸福度と主観的健康度を順序ロジット分析によって推
計した.

4.2　推計結果

1）幸福度

　表7-4をもとに幸福度について検討しよう.モデル1は,年齢・家計構成
員数・家計所得・貧困認定（ID Poor）・学歴・職業・病気／ケガなどの個人的
属性を説明変数にしたものである.モデル2は,社会関係資本の金銭貸与・家
族／隣人の信頼度・社会参加を説明変数としたものである.モデル3は有意な
説明変数を中心に推計し,モデル4は主観的健康度以外の説明変数を用い,モ
デル5はすべての説明変数を用いて推計したものである.

　幸福度は,モデル5を見ると,家計構成員数（5歳未満人数）・家計所得・貧
困認定（ID Poor）・学歴（小学校卒業）・金銭貸与（互酬性）・信頼度1（家族）・社

表 7 - 4　幸福度の推計結果

	モデル 1 係数	モデル 2 係数	モデル 3 係数	モデル 4 係数	モデル 5 係数
年齢	-0.0393* (0.0209)			-0.0491** (0.0224)	-0.0371 (0.0228)
家計構成員数	-0.0027 (0.0862)			0.0825 (0.0932)	0.0764 (0.0941)
（5 歳未満人数）	-0.3244 (0.2104)			-0.4358* (0.2243)	-0.4679** (0.2305)
（15歳未満人数）	-0.2259 (0.1618)		-0.2335* (0.1228)	-0.2679 (0.1687)	-0.2875 (0.1760)
家計所得	0.0320*** (0.0071)		0.0288*** (0.0071)	0.0348*** (0.0082)	0.0342*** (0.0082)
貧困認定（ID Poor）	-0.9663*** (0.3598)		-1.0339*** (0.3773)	-1.1422*** (0.4043)	-0.9763** (0.4164)
学歴（小学校卒業）	-0.8319** (0.4177)		-1.0527** (0.4301)	-1.1804*** (0.4465)	-1.3113*** (0.4610)
職業（農業）	0.5282 (0.6126)			0.3551 (0.6131)	0.3866 (0.6108)
本人の病気／ケガ	-0.7086** (0.2776)		-0.5580* (0.3146)	-1.0472*** (0.3084)	-0.3912 (0.3388)
金銭貸与（互酬性）		0.5184* (0.2818)	0.5867** (0.2706)	0.7063** (0.3120)	0.5836* (0.3187)
信頼度 1 （家族）		0.5654*** (0.1828)	0.4642** (0.1899)	0.6554*** (0.1963)	0.4447** (0.2066)
信頼度 2 （隣人）		0.6065** (0.2436)		0.3390 (0.2712)	0.3385 (0.2796)
社会参加		0.4664 (0.3878)	0.8593** (0.4123)	1.0798** (0.4637)	0.9172* (0.4697)
主観的健康度			1.1812*** (0.2474)		1.3166*** (0.2670)
OL村				-0.0419 (0.5984)	0.6273 (0.6356)
CH村				-0.2189 (0.5866)	0.3919 (0.6178)
KS村				-0.1561 (0.5577)	0.4007 (0.5898)
TV村				-0.3774 (0.7757)	0.4548 (0.8206)
RO村				-0.7542 (0.6761)	-0.0346 (0.6973)
CL村				-1.1100 (0.6947)	-0.9076 (0.7226)
観測数	279	281	279	277	277
疑似決定係数	0.1051	0.0451	0.1844	0.1729	0.2166
対数尤度	-262.71	-283.90	-239.45	-241.37	-228.60

注）村落ダミーの基準はDS村．***は 1 %，**は 5 %，*は10％の有意水準，括弧内の値は標準誤差を表す．金銭付与（功徳）・信頼度 3 （僧侶）・寺院参拝の推計結果は記載を省略．

写真 7 - 4　魚の行商女性

会参加・主観的健康度が有意な変数である．家計所得・金銭貸与（互酬性）・信頼度 1 （家族）・社会参加・主観的健康度の係数が正の値をとっている．よって，家計所得が多く，金銭を人に貸与し，家族への信頼が篤く，社会参加をし，主観的健康度が高い女性ほど,幸福度は高くなる．互酬性（金銭貸与）や信頼（家族）で表される認知的社会関係資本や,社会参加で表される構造的社会関係資本は,幸福度に有意な影響を及ぼす．ここでの社会参加は，寺院／パゴダ・葬儀扶助・学校保護者会・森林組合のような特定の社会組織への参加の有無ではなく，これらの社会組織において何らかの活動に参加していることを表す．

　家計構成員数（ 5 歳未満人数）・貧困認定（ID Poor）・学歴（小学校卒業）の係数は負で有意である．よって，家族に 5 歳未満児がいたり，貧困認定（ID Poor）を受けていたりすると，幸福度は低下する． 5 歳未満児は母親にとって育児上のストレスになる．貧困認定（ID Poor）は幸福度を下げる．また学歴が小学校卒業者は幸福度が低い．小学校中退者が72.4％もいる農村では，小学校卒業者は相対的に高学歴者である．高学歴者は願望水準が高く，それが満たされないと，幸福度が下がると言われている（Frey 2008：邦訳43-44）．発展途上国では学校を出ていても好きな職業に就けるとは限らない（Banerjee and Duflo 2019：邦訳286）．

　主観的健康度は幸福度の有意な変数であり，その影響も大きい．主観的健康度を説明変数から外したモデル 4 を見ると，年齢が高く，直近 1 年以内に病気／ケガの治療をしていると，幸福度が低下する．しかしこれらの変数は，主観的健康度を説明変数に入れたモデル 5 では有意な変数ではなくなっている．年齢や病気／ケガによる幸福度の低下は，主観的健康度の効果によって表される

ことが分かる．家計所得や貧困認定（ID Poor）の係数の値はモデル4とモデル5でほぼ同じであるので，これらの経済変数は幸福度への影響において主観的健康度には左右されない．

モデル3は，モデル5において有意な変数を中心に推計し直したものである．このモデル3では，病気／ケガが新たに有意になり，5歳未満児に代わり15歳未満の子供が有意な変数になっている．これらの変数は幸福度を低下させる．

2）主観的健康度

表7-5をもとに主観的健康度について検討しよう．モデル1は個人的属性，モデル2は社会関係資本，モデル3は村落ダミーを説明変数に推計し，モデル4は有意な変数を中心に推計し，モデル5はすべての説明変数を用いて推計したものである．

主観的健康度は，モデル5を見ると，年齢・出産人数・子供の生存人数・貧困認定（ID Poor）・病気／ケガ・金銭貸与（互酬性）・信頼度1（家族）・社会参加・DS村・CL村が有意な変数であり，幸福度とは異なる要因が影響している．

子供の生存人数・金銭貸与（互酬性）・信頼度1（家族）・社会参加・DS村・CL村の係数は正の値をとっている．したがって，子供の生存人数が多い女性ほど，主観的健康度は高くなる．金銭を人に貸与し，家族への信頼が篤く，社会参加する女性は，主観的健康度が高くなる．DS村とCL村は，基準村のOL村と比べ主観的健康度が高い．互酬性（金銭貸与）や信頼（家族）で表される認知的社会関係資本や，社会参加で表される構造的社会関係資本は，幸福度と同様に主観的健康度を高める．

他方，年齢・出産人数・貧困認定（ID Poor）・病気／ケガの係数の符号が負で有意である．年齢が高く，出産人数が多く，貧困認定（ID Poor）を受け，病気／ケガがあると，主観的健康度は低くなる．出産人数が多くなると，身体的負担から主観的健康度を下げるが，子供の生存人数が増えると，主観的健康度は高くなる．自己申告の家計所得は有意ではないが，客観的な貧困認定（ID Poor）は主観的健康度を低下させる．社会関係資本については，主観的健康度を下げるような変数はない．

表 7 - 5　主観的健康度の推計結果

	モデル 1 係数	モデル 2 係数	モデル 3 係数	モデル 4 係数	モデル 5 係数
年齢	-0.1044*** (0.0291)			-0.1005*** (0.0267)	-0.1057*** (0.0321)
家計構成員数	0.0085 (0.0907)				0.0033 (0.0995)
（ 5 歳未満人数）	-0.4868** (0.2455)				-0.3593 (0.2665)
（15歳未満人数）	-0.3221* (0.1945)				-0.2508 () 0.2025
出産人数	-1.3613*** (0.4099)			-0.7430* (0.4283)	-0.9812** (0.4540)
子供の生存人数	1.9316*** (0.5045)			1.1244** (0.4890)	1.5293*** (0.5527)
家計所得	0.0108 (0.0074)				0.0107 (0.0085)
貧困認定（ID Poor）	-0.8982** (0.4072)			-1.2072*** (0.4188)	-1.1669** (0.4787)
学歴（小学校卒業）	0.0713 (0.4377)				0.0132 (0.4736)
職業　　　　　（農業）	0.3792 (0.6071)				0.1675 (0.6531)
（林業）	-0.5230 (0.4590)				-0.5759 (0.5512)
本人の病気／ケガ	-1.8533*** (0.3104)			-2.3494*** (0.3405)	-2.4732*** (0.3621)
金銭貸与（互酬性）		0.2689 (0.2789)			0.6440* (0.3396)
信頼度 1 （家族）		0.6105*** (0.1884)		0.8459*** (0.2100)	0.7711*** (0.2203)
信頼度 2 （隣人）		0.6123** (0.2464)			0.1845 (0.2912)
社会参加		0.3573 (0.3761)		0.7856* (0.4261)	0.7799* (0.4686)
CH村			0.7059* (0.3862)		0.0284 (0.5251)
DS村			0.8525* (0.4967)	1.6952*** (0.4791)	1.8901*** (0.6402)
KS村			0.5693 (0.3797)		0.0697 (0.4795)
TV村			0.3347 (0.5943)		-0.5190 (0.7286)
RO村			-0.0444 (0.4934)		-0.5913 (0.6371)
CL村			1.6030*** (0.5619)	1.3482** (0.5261)	1.1210* (0.6481)
観測数	278	281	283	280	276
疑似決定係数	0.1622	0.0407	0.0229	0.2202	0.2455
対数尤度	-217.80	-252.18	-258.03	-203.96	-195.23

注）村落ダミーの基準はOL村．＊＊＊は 1 %，＊＊は 5 %，＊は10％の有意水準，括弧内の値は標準誤差を表す．金銭付与（功徳）・信頼度 3 （僧侶）・寺院参拝の推計結果は記載を省略．

4.3　推計結果に関する検討

1）幸福度と主観的健康度の相違

幸福度と主観的健康度には異なる要因が影響する.

　第1に,個人的属性を見ると,貧困認定（ID Poor）は共に有意な変数であり,幸福度や主観的健康度を低下させる.しかし,5歳未満人数・家計所得・学歴は,幸福度では有意であるが,主観的健康度では有意ではない.主観的健康度では,所得や学歴よりも,年齢・出産人数・子供の生存人数・病気／ケガのような出産や身体に関係する変数が有意になっている.出産については,出産人数が多いと,身体的な負担から主観的健康度を低下させる.しかし子供の生存人数が多いと,精神的な理由によって主観的健康度を高める.

　第2に,社会関係資本は,幸福度でも主観的健康度でも同じ変数が有意な正の影響を及ぼす.認知的社会関係資本では互酬性（金銭貸与）と家族の信頼が有意であり,構造的社会関係資本では社会参加が有意な変数である.僧侶への信頼は家族の信頼よりも高いが,幸福度や主観的健康度には影響していない.また社会参加については,何か特定の社会組織への参加というよりは,何らかの社会活動に参加していることが重要であり,それが幸福度や主観的健康度を高めている.

　第3に,村落ダミーは,幸福度では有意な変数はないが,主観的健康度ではDS村とCL村が有意な変数になっている.幸福度と主観的健康度は,村落間で相違があることが分かる.ただし,基準のOL村と比較してどのような理由でDS村やCL村の主観的健康度が高いのかは明確ではない.

2）先行研究との比較

幸福度と主観的健康度に影響する要因を先行研究と比較しよう.

　第1に,個人的属性については,いくつかの点で先行研究の結果と異なる.学歴は,Yip *et al.*（2007）などの研究では幸福度を高めるが,本章の結果では幸福度に負の影響を及ぼす.この相違は,調査地の特殊性が考えられる.高学歴（小学校卒業）は,本書の調査地では必ずしも高所得には繋がらないし,願望水準が満たされないという問題もある.また子供の人数は,Markussen *et al.*（2018）では有意な変数ではないが,本章の結果では5歳未満人数は幸福度に負の影響を及ぼす.出産人数・子供の生存人数・病気／ケガの影響については,先行研究では分析されていないが,本章の結果では出産人数と病気／ケガは主

観的健康度を低下させ，子供の生存人数は主観的健康度を高める．家計所得や
主観的健康度については，Yip *et al.*（2007），Markussen *et al.*（2018）と同様に
幸福度を高める．

　第2に，社会関係資本が幸福度に及ぼす影響については，家族の信頼（認知
的社会関係資本）が幸福度を高めるという点は，Yip *et al.*（2007）などの結果と
同じである．社会参加（構造的社会関係資本）が幸福度を高める点については，
Monk-Turner and Turner（2012）などの結果と同じである．ただし彼らの研究
では，構造的社会関係資本は共産党組織への参加である．地域の社会組織への
参加については先行研究では有意な結果は得られていない．互酬性の規範が幸
福度に及ぼす影響については，発展途上国に関する先行研究では検討されてい
ない．

　第3に，社会関係資本が主観的健康度に及ぼす影響については，認知的社会
関係資本の家族の信頼が主観的健康度を高める点は，Yip *et al.*（2007）と同じ
である．また互酬性が主観的健康度に及ぼす影響については，Li *et al.*（2009），
Hurtado *et al.*（2011）の結果と同じである．構造的社会関係資本の社会参加が
主観的健康度を高める点は，Yip *et al.*（2007），Hurtado *et al.*（2011）の結果と
同じである．ただし，本章の分析は地域の社会組織への参加であるが，
Hurtado *et al.*（2011）の変数はボランティアのような自主的な社会組織への参
加であり，Yip *et al.*（2007）の変数は共産党組織への参加である．

4.4　農村女性の幸福度と主観的健康度の向上にむけて

　カンボジア農村女性の幸福度と主観的健康度について観測データをもとに実
証的に分析した．本章の主要な結論は以下の通りである．

　第1に，幸福度には次の要因が影響する．家計所得が多く，金銭を人に貸与
し，家族への信頼が篤く，社会活動に参加し，主観的健康度が高い女性ほど，
幸福度は高くなる．他方，家族に5歳未満の子供が多くいたり，貧困認定（ID
Poor）を受けていたり，学歴（小学校卒業者）が高いと，幸福度は低下する．

　第2に，主観的健康度には次の要因が影響する．幸福度と同様に，家族への
信頼が篤く，社会参加する女性ほど，主観的健康度は高い．また子供の生存人
数が多く，金銭を人に貸与し相互扶助をする女性は，主観的健康度が高い．他
方，年齢が高く，出産人数が多く，貧困認定（ID Poor）を受けていると，主観
的健康度は低くなる．

第3に，幸福度と主観的健康度には，社会関係資本が影響を及ぼしている．信頼（家族）や互酬性（金銭貸与）で表される認知的社会関係資本や，社会参加で表される構造的社会関係資本は，幸福度や主観的健康度を高める．

いっそうの議論のために

問題1　パットナムの社会関係資本の定義について説明しなさい．また認知的社会関係資本と構造的社会関係資本の違いを説明しなさい．

問題2　カンボジア農村における社会関係資本の具体的な指標について，信頼・互酬性の規範・社会的ネットワークという点から説明しなさい．

問題3　カンボジア農村女性の幸福度と主観的健康度に影響する要因について，共通する要因と異なる要因に分けて説明しなさい．

💡 議論のためのヒント

ヒント1　社会関係資本についてのパットナムの定義はよく引用される．認知的社会関係資本は感情に関わるものであり，構造的社会関係資本は行動に関係している．

ヒント2　社会関係資本は，信頼・互酬性の規範のような認知的社会関係資本と，社会的ネットワークのような構造的社会関係資本に分けられる．カンボジア農村におけるそれぞれの具体的形態について検討してみよう．

ヒント3　幸福度と主観的健康度に影響する要因は，共通する要因と異なる要因がある．社会経済的属性と社会関係資本という点から具体的に検討してみよう．

あ と が き

　本書は，神戸大学経済学部のゼミ生たちと行ってきたカンボジアの農村調査
から生まれたものです．還暦を過ぎてから若い学生たちと，炎天下のカンボジ
ア農村を熱中症や下痢になりながら歩き回りました．退職前に学生と共同で作
成した卒業論文のような作品です．ゼミ生たちとの共同研究は，『FTA／EPA
推進に何が必要か──農業・林業・介護士制度の改革──』（勁草書房，2011年）
に次いで 2 冊目です．学生たちとの共同作業の過程を振り返ってみます．

　私がゼミ生に期待し，ゼミ指導の目標にしていたのは，学生が自分の頭で考
える力をつけること，そして学生同士でグループワークを学ぶことです．その
ための教育方法は，問題解決型の「対話的な教育」（フレイレ（1968）『被抑圧者の
教育学』）でした．

　学生時代に大事なことは，自分の頭で考える力を身につけることです．実社
会で直面する多くの問題は，経済学の教科書には書いていません．そうした問
題に対して自分の頭で正確に定義し，その解答を探る能力を養うことが大切で
す．これは大学でミクロ経済学やマクロ経済学の単位をとることとはまったく
違います．卒業後に経済学の教科書を捨てても，こうした能力は残ります．

　また学生同士でグループワークを学ぶことも大切です．受験勉強までは個人
の勉強が中心です．卒業後は上司や同僚とのグループワークが中心になります．
グループワーク（共同作業の中で他の学生から学び，役割分担しながら結果に対して自分
で責任を持つこと）を学ぶことは働き方や生き方に影響します．ゼミでは数人の
班に分け，班ごとに研究テーマを決めさせました．毎週のゼミの報告から国内
外のフィールドワークのアポ取りや宿泊所・航空券の手配まで，班を中心に学
生自身が決めていきます．

　ここ数年のゼミの研究テーマは，カンボジア農村の貧困削減でした．きっか
けはバナジー＆デュフロ（2011）『貧乏人の経済学──もういちど貧困問題を
根っこから考える──』との出会いです．債務危機が大きな課題であった1980
〜90年代には，開発経済学の主要なテーマは，マクロ経済の安定化政策や構造
改革でした（拙著『開発の国際政治経済学──構造主義マクロ経済学とメキシコ経済──』
勁草書房，2001年）．しかしその後，開発経済学の主流はミクロの実証分析に大

きく変わっていました．貧困削減と経済発展という経済学の基本問題にゼミ生たちと取り組むことにしました．

　毎年4月から5月にかけて研究テーマに関する文献調査を行います．ゼミには共通の教科書はありません．毎週のゼミで何を報告するかは，班ごとに準備します．教科書のないゼミは学生にとって苦痛です．問題も解答もない中で，暗中模索の勉強が続きます．こうした状況で学生は，今までとはまったく違う勉強，誰かに問題や解答を与えられるのではなく，自分でそれらを考えることを学びます．何が問題なのか，これまで何が分かっているのか，どのような選択肢が可能なのか．最終の政策提言（解決策）をイメージしながら，リサーチデザインを作ります．

　この文献調査を踏まえ，6月から8月にかけて国内のNGO，民間企業，JICA，外務省などに聞き取り調査に行きます．訪問先へのアポ取りは学生が行います．アポメールは，何回も書き直して送信しますが，返信が来るのは半分以下です．時には，不適切なメールに相手先からお叱りを受けることもあります．ダメだしで真っ赤になった返信メールを受け取ったときの学生の顔は，今でも覚えています．こうした経験も学生には大切な勉強です．親切に赤ペンまで入れてメールを返信していただいた方々には本当に感謝です．これが縁で，商社に就職が決まった学生もいます．問題解決型の対話的な教育は，教員と学生の間だけではなく，フィールドでは学生たちと調査相手先との間でも重要になります．

　毎年9月上旬に，シェムリアップ州の農村で200-300世帯に対してテーマを変えながら聞き取り調査をしてきました．調査票を作成したり，通訳やレンタカーなどを手配したりするのも，すべて学生の仕事です．毎朝，宿泊所を出発する前にその日の作業を確認し，農村に入り，通訳と学生が班を作り行動します．通訳とのやりとりはフィールドではとても大切です．短い質問に長い回答があるときは特に，通訳に内容を確認します．時には通訳が，回答者の夫の暴力について身の上相談にのっている場合もあります．カンボジア農村女性のこういったDV被害は，調査を外部委託していては聞けない話です．

　もう1つ大切なことは，通訳と班のメンバーを毎日変えることでした．メンバーが固定すると，班ごとに行動や情報共有にしだいに歪みがでてきます．同じ質問を毎日続けていると，通訳も学生も先入観を持って行動したり回答を判断したりします．これを放置すると，次第に回答全体が歪んできます．例えば，

３択の質問の場合，質問票が読めない住民（小学校未修了者が７割以上）には，最初に３つの選択肢をすべて提示し，その後回答を求めます．これをしないと，最初の選択肢を選ぶ回答が多くなります．通訳と班のメンバーを毎日変えながら，大事な確認作業に怠りがないように工夫しました．

　調査時の昼ご飯は，村の飲食店で食べたり，途中で弁当を調達したりします．村での昼ご飯にはいつもハエがたかっています．こうした食べ物が合わず，毎年何人かの学生が体調を崩します．カンボジアの農家でトイレを借りるのも試練です．トイレットペーパーなどありません．最初はみんな手桶のトイレに苦労します．

　夕方，宿泊所に帰ると，その日の調査内容を確認し，翌日の準備をします．聞き取り調査では毎日のように新しい回答が出てきます．そうした回答の取り扱いが問題になります．時には学生が，その取り扱いに疑問を出し，何時間も議論が紛糾することがあります．こういう時こそ，対話的な教育の時間です．納得がいくまで話し合います．熱い議論の後には，冷たいビールを求めて，外国人観光客で賑わうパブ・ストリートによく出かけました．出稼ぎのトゥクトゥク運転手の生活が苦しいのをよく知っているので，運賃の値段交渉はほどほどにします．調査から解放され，１ドルのアンコールビールで乾杯！

　カンボジア農村調査からの帰国後，研究論文を作成し，プレゼン大会の準備をします．個票データをExcelで集計し，統計ソフトで計量分析します．多くの場合，計量分析の結果は予想を裏切ります．何回も試行錯誤を繰り返し，論文にまとめていきます．10月末の論文の提出期限が近づくと，政策提言の検討や原稿の書き直しなどで，研究室でのゼミは深夜まで続きます．買い出し隊が買ってきたピザを食べながらのゼミになります．ゼミ生は，毎日のように下宿やマクドに集まって原稿やパワポの書き直しです．その成果は，ISFJ（日本政策学生会議）での最優秀論文賞（2010年），優秀論文賞（2009年），WEST論文研究発表会での優秀論文賞（2011年，2016年，2018年）などです．学生にとってプレゼン大会での受賞は大きな目標です．しかし，目標に向かって苦悶しながら格闘した日々は，それ以上の財産です．

　私自身は，学生たちとの対話的な教育のなかで多くの発想やアイデアを学ぶことができました．教育は，教える側と教えられる側が時に立場を入れ替えながら，互いに学びあう場です．これは，私自身が学生時代にゼミの指導教員から教わったことです．カンボジア農村女性の幸福度の向上をテーマとしてとり

上げた際に，「紙芝居を使ったらどうか」という学生の発想（2018年WEST優秀論文）には驚きました．教員が学生に教育という贈物をし，学生が教員に新鮮な発想を贈り返す．学生時代に受けた教育の借りを，卒業後にどのような贈物で社会に返してくれるか楽しみです（サルテゥー＝ラジュ（2012）『借りの哲学』）．

　各章の初出は以下の通りです．写真は，サムナン撮影以外はすべて筆者撮影です．

第2章

「カンボジア農村の貧困と家計所得の多様化──シェムリアップ州6村落の実証分析──」『国民経済雑誌』第215巻第6号，2017年6月号，11-30頁．

第3章

「カンボジア農村における妊産婦検診の決定要因──シェムリアップ州7村落の調査──」国際開発学会2019年全国大会報告論文，2019年11月17日．

「カンボジア農村の妊産婦検診と社会関係資本──シェムリアップ州7村落の実証分析──」『国民経済雑誌』第220巻第6号，2019年12月号，19-43頁．

"Determinants of the Utilization of Maternal Health Services in Rural Cambodia," Peace with Development, Working Paper No. 3, June 2020.

第4章

「カンボジア農村のマイクロ医療保険──シェムリアップ州6村落の実証分析──」『国民経済雑誌』第218巻第5号，2018年11月号，1-25頁．

"Demand for Micro-Health Insurance in Cambodian Rural Village," Peace with Development, Working Paper No. 4, July 2020.

第5章

「カンボジアの初等教育問題と日本の国際協力」『アゴラ』第12号，2015年3月，1-23頁．

「カンボジア初等教育における教育生産関数──シェムリアップ州6校の実証分析──」『国民経済雑誌』第215巻第3号，2017年3月号，1-17頁．

「カンボジア初等教育における学力の要因──シェムリアップ州7小学校の実証分析──」国際開発学会2017年全国大会報告論文，2017年11月25日．

"Determinants of Leaning Achievements: Empirical Analysis of Seven Schools in Cambodian Primary School," Peace with Development, Working Paper No. 1, April 2018.

第 6 章

「カンボジア農村の森林保全評価——シェムリアップ州 7 村落の CVM 分析——」『国民経済雑誌』第217巻第 2 号，2018年 2 月号， 1 -22頁.

「カンボジア農村における森林保全の CVM 分析——シェムリアップ州 7 村落の調査——」国際開発学会2018年全国大会報告論文，2018年11月23日.

"Evaluation of Forest Preservation in Cambodian Rural Village," Peace with Development, Working Paper No. 2, April 2019.

第 7 章

「カンボジア農村女性の幸福度と主観的健康——社会関係資本の影響——」『国民経済雑誌』第221巻第 2 号，2020年 2 月号， 1 -23頁.

"Women's Happiness, Self-rated Health and Social Capital in Cambodian Rural Villages," Peace with Development, Working Paper No. 5, August 2020.

参 考 文 献

外国語文献

Adams, Rosmond, Yiing-Jenq Chou and Christy Pu (2015) "Willingness to Participate and Pay for a Proposed National Health Insurance in St. Vincent and the Grenadines: A Cross-sectional Contingent Valuation Approach," *BMC Health Service Research*, 15 (148): 1 -10.

Adams, Williams and Jon Hutton (2007) "People, Parks and Poverty: Political Ecology and Biodiversity Conservation," *Conservation and Society*, 5 : 147-183.

ADB (2014) *Cambodia Country Poverty Analysis 2014.* https://www.adb.org/sites/default/ files/institutional-document/151706/cambodia-country-poverty-analysis-2014.pdf (2016/ 8 / 9 閲覧).

———— (2015) *Key Indicators for Asia and the Pacific 2015.* http://www.adb.org/ publications/key-indicators-asia-and-pacific-2015 (2016/ 8 / 9 閲覧).

———— (2019a) *Cambodia, Key Indicators 2019.* https://data.adb.org/media/3586/download (2020/ 6 / 9 閲覧).

———— (2019b) *Key Indicators for Asia and the Pacific 2019, 50th Edition.* https://data. adb.org/sites/default/files/cambodia-key-indicators-2019.pdf (2020/ 6 / 9 閲覧).

Adjiwanou, Vissého, Mouseea Bougma and Thomas LeGrand (2018) "The Effect of Partners' Education on Women's Reproductive and Maternal Health in Developing Countries," *Social Science & Medicine*, 197: 104-115.

Amiri, Neda, Seyd F. Emadian, Asghar Fallah, Kamran Adeli and Hamid Amirnejad (2015) "Estimation of Conservation Value of Myrtle (Myrtus Communis) Using a Contingent Valuation Method: A Case Study in a Dooreh Forest Area, Lorestan Province, Iran," *Forest Ecosystems*, 2 (20): 1 -11.

Ammermüller, Andreas, Hans Heijke and Ludger Wößmann (2005) "Schooling Quality in Eastern Europe: Educational Production during Transition," *Economics of Education Review*, 24: 579-599.

Andersen, Ronald M. (1995) "Revisiting the Behavioral Model and Access to Medical Care: Does It Matter?," *Journal of Health and Social Behavior*, 36 (1): 1 -10.

Asenso-Okyere, W. Kwadwo, Isaac Osei-Akoto and Adote Anum (1997) "Willingness to Pay for Health Insurance in a Developing Economy. A Pilot Study of the Informal Sector of Ghana Using Contingent Valuation," *Health Policy*, 47: 223-237.

Asgary, Ali, Ken Willis, Ali Akbar Taghvael and Mojtaba Rafelan (2004) "Estimating Rural Household's Willingness to Pay for Health Insurance," *European Journal of Health Economics*, 5 : 29-215.

Baker, David P., Brian Goesling and Gerald K. Letendre (2002) "Socioeconomic Status,

School Quality, and National Economic Development: A Cross-National Analysis of the 'Heyneman-Loxley Effect' on Mathematics and Science Achievement," *Comparative Education Review*, 46（3）: 291-312.

Banerjee, Abhijit and Esther Duflo（2011）*Poor Economics: A Radial Rethinking of the Way to Fight Global Poverty*, New York: Public Affairs（山形浩生訳『貧乏人の経済学——もういちど貧困問題を根っこから考える——』みすず書房，2012年）.

──────（2019）*Good Economics for Hard Times*, London: The Wylie Agency（村井章子訳『絶望を希望に変える経済学——社会の重大問題をどう解決するか——』日本経済新聞出版，2020年）.

Banerjee, Abhijit, Esther Duflo and Richard Hornbeck（2014）"Bundling Health Insurance and Microfinance in India: There Cannot Be Adverse Selection if There IS No Demand," *American Economic Review*, 104（5）: 291-297.

Barro, Robert, J. and Xavier, Sala-i-Martin（1995）*Economic Growth*, New York: McGraw-Hill.

Basu, Alaka（2002）"Why Does Education Lead to Lower Fertility?: A Critical Review of Some of the Possibilities, " *World Development*, 30（10）: 1779-1790.

Bonan, Jacopo, Olivier Dagnelie, Philippe LeMay-Boucher and Michel Tenikue（2017）"The Impact of Insurance Literacy and Marketing Treatments on the Demand for Health Microinsurance in Senegal: A Randomized Evaluation," *Journal of African Economies*, 26（2）: 169-191.

Bourdieu, Pierre（1986）"The Forms of Capital," in Richardson, J. G. ed., *Handbook of Theory and Research for the Sociology of Education*, New York: Greenwood Press, 241-258.

Brugnaro, Caetano（2010）"Valuing Riparian Forests Restoration: A CVM Application in Corumbatai River Basin," *Revista de Economia e Sociologia Rural*, 48（3）: 507-520.

Bruni, Luigino and Pier Luigi Porta（2005）*Economics and Happiness: Framing the Analysis*, Oxford: Oxford University Press.

Chaudhry, Pradeep, Bilas Singh and Vindhya P. Tewari（2007）"Non-market Economic Valuation in Developing Countries: Role of Participant Observation Method in CVM Analysis," *Journal of Forest Economics*, 11: 259-275.

Colman, James S.（1988）"Social Capital in the Creation of Human Capital," *American Journal of Sociology*, 94: S95-S120.

Cristia, Julian, Pablo Ibarraran, Santiago Cueto, Ana Santiago and Eugenio Severin（2017）"Technology and Child Development: Evidence from the One Laptop per Child Program," *American Economic Journal: Applied Economics*, 9（3）: 295-320.

Dasgupta, Susmita, Benoit Laplante, Hua Wang and David Wheeler（2002）"Confronting the Environmental Kuznets Curve," *Journal of Economic Perspectives*, 16（1）: 147-168.

De Gregorio, José and Jong-wha Lee（2002）"Education and Income Inequality: New Evidence from Cross-country Data," *Review of Income and Wealth*, 48（3）: 395-416.

De Silva, Mary J. and Trudy Harpham (2007) "Maternal Social Capital and Child Nutritional Status in Four Developing Countries," *Health & Place*, 13: 341‑355.

Dolan, Paul, Tessa Peasgood and Mathew P. White (2008) "Do We Really Know What Makes Us Happy? A Review of the Economic Literature on the Factors Associated with Subjective Well-being," *Journal of Economic Psychology*, 29: 94‑122.

Dong, Hengjin, Bocar Kouyate, John Cairns, Frederick Mugisha and Rainer Sauerborn (2003) "Willingness-to-pay for Community-based Insurance in Burkina Faso," *Health Economics*, 12: 849‑862.

Dror, David Mark, Ralf Radermacher and Ruth Koren (2007) "Willingness to Pay for Health Insurance Among Rural and Poor Persons: Field Evidence from Seven Micro Health Insurance Units in India," *Health Policy*, 82: 12‑27.

Duncan, Brian (1999) "Modeling Charitable Contribution of Time and Money," *Journal of Public Economics*, 72: 213‑241.

Ekman, Bjorn (2004) "Community-based Health Insurance in Low-income Countries: A Systematic Review of the Evidence," *Health Policy & Planning*, 19（5）: 249‑270.

Ensor, Tim, Chhim Chhun, Tom Kimsun, Barbara McPake and Ijeoma Edoka (2017) "Impact of Health Financing Policies in Cambodia: A 20 Year Experience," *Social Science & Medicine*, 177: 118‑16.

Fafchamps, Marcel and Susan Lund (2003) "Risk-sharing Networks in Rural Philippines," *Journal of Development Economics*, 71: 261‑287.

FAO (2010) *Global Forest Resources Assessment 2010*. http://www.fao.org/docrep/013/i1757e/i1757e.pdf（2017/ 8 /16閲覧）.

───── (2011) *Southeast Asian Forests and Forestry to 2020*. http://www.fao.org/docrep/013/i1964e/i1964e00.pdf（2017/ 8 /17閲覧）.

Farzin, Hossein and Craig Bond (2006) "Democracy and Environmental Quality," *Journal of Development Economics*, 81（1）: 213‑234.

Flores, Gabriela, Por Ir, Chean R. Men, Owen O'Donnell and Eddy van Doorslaer (2013) "Financial Protection of Patients through Compensation of Providers: The Impact of Health Equity Funds in Cambodia," *Journal of Health Economics*, 32: 1180‑1193.

Forestry Administration (2013) *Community Forestry Statistic in Cambodia 2013*. https://data.opendevelopmentmekong.net/dataset/community-forestry-statistic-in-cambodia-2013-takeo-province/resource/ 4 d659a27-d64d‑ 4 b58-a95bfab97dcf574?type=library_record（2017/ 8 /16閲覧）.

Freire, Paulo (1968) *Pedagogia do Oprimido*, Freiburg: Verlag Herder（三砂ちづる訳『被抑圧者の教育学』亜紀書房，2010年）.

Frey, Bruno (2008) *Happiness: A Revolution in Economics*, Cambridge: MIT Press（白石小百合訳『幸福度をはかる経済学』NTT出版，2012年）.

Frey, Bruno and Alois Stutzer (2002a) "What Can Economists Learn from Happiness Research?," *Journal of Economic Literature*, 40（2）: 402‑435.

───── (2002b) *Happiness and Economics*, Princeton: Princeton University Press（佐和

隆光監訳『幸福の政治経済学——人々の幸せを促進するものは何か——』ダイヤモンド社, 2005年).

Fukui, Seiichi and Kana Miwa (2016) "Determinants and Health Impacts of Purchasing Community-based Health Insurance: A Case Study in Rural Cambodia," *Natural Resource Economics Review*, 21: 1-15.

Gabrysch, Sabine and Oona MR Campbell (2009) "Still Too Far To Walk: Literature Review of the Determinants of Delivery Service Use," *BMC Pregnancy and Childbirth*, 9 (34): 1-18.

Giesbert, Lena, Susan Steiner and Mirko Bending (2011) "Participation in Micro Life Insurance and the Use of Other Financial Services in Ghana," *Journal of Risk and Insurance*, 78 (1): 7-35.

Giordano, Giuseppe N., Jonas Björk and Martin Lindstrom (2012) "Social Capital and Self-rated Health: A Study of Temporal (Causal) Relationships," *Social Science & Medicine*, 75 (2): 340-348.

Giordano, Giuseppe N. and Martin Lindstrom (2010) "The Impact of Changes in Different Aspects of Social Capital and Material Conditions on Self-rated Health over Time: A Longitudinal Cohort Study," *Social Science & Medicine*, 70 (5): 700-710.

Glewwe, Paul (2002) "Schools and Skills in Developing Countries: Education Policies and Socioeconomic Outcomes," *Journal of Economic Literature*, 40: 436-482.

Glewwe, Paul W. and Michal Kremer (2006) "Schools, Teachers, and Education Outcomes in Developing Countries," in Eric A. Hanushek and Finis Welch eds., *Handbook of the Economics of Education, Vol. 2*, Amsterdam: North-Holland.

Glewwe, Paul W., Eric A. Hanushek, Sarah D. Humpage and Renato Ravina (2011) "School Resources and Educational Outcomes in Developing Countries: A Review of the Literature from 1990 to 2010," *NBER Working Paper*, No.17554.

Graham, Caro (2011) *The Pursuit of Happiness: An Economy of Well-being*, Washington D.C.: Brookings Institution Press.

Grahn, Hanna (2006) "In Search of Trust: A Study on the Origin of Social Capital in Cambodia from an Institutional Perspective," Working Paper, Lund University, Department of Political Science.

Gray, Rossarin Soottipong, Pungpond Rukumnuaykit, Sirinan Kittisuksathit and Varachai Thongthai (2008) "Inner Happiness among Thai Elderly," *Journal of Cross-Cultural Gerontology*, 23: 211-224.

Gustafsson-Wrigth, Emily, Abay Asfaw and Jacque van der Gaag (2009) "Willingness to Pay for Health Insurance: An Analysis of the Potential Market for New Low-cost Health Insurance Products in Namibia," *Social Science & Medicine*, 69: 1351-1359.

Hanushek, Eric A. (1995) "Interpreting Recent Research on Schooling in Developing Countries," *World Bank Research Observer*, 10 (2): 227-246.

Harper, Caroline, Rachel Marcus and Karen Moore (2003) "Enduring Poverty and the Conditions of Childhood: Lifecourse and Intergenerational Poverty Transmissions,"

World Development, 31 （ 3 ）: 535-554.

Harpham, Trudy, Mary J. De Silva and Tran Tuan （2006） "Maternal Social Capital and Child Health in Vietnam," *Journal of Epidemiology & Community Health*, 60 （10）: 865-871.

Harpham, Trudy, Emma Grant and Elizabeth Thomas （2002） "Measuring Social Capital within Health Surveys: Some Key Issues," *Health Policy and Planning*, 17 （ 1 ）: 106-111.

Heyneman, Stephen P. and William A. Loxley （1983） "The Effects of Primary-School Quality on Academic Achievement across Twenty-nine High- and Low-Income Countries," *American Journal of Sociology*, 88 （ 6 ）: 1162-1194.

Human Rights Watch （2015） "30 Years of Hun Sen Violence, Repression, and Corruption in Cambodia," https://www.hrw.org/report/2015/01/12/30-years-hun-sen/ violence -repression-and-corruption-cambodia （2020/ 6 / 9 閲覧）.

Hurtado, David, Ichiro Kawachi and John Sudarsky （2011） "Social Capital and Self-rated Health in Colombia: The Good, the Bad and the Ugly," *Social Science & Medicine*, 72: 584-590.

Ir, Por, Dirk Horemans, Narin Souk and Wim Van Damme （2010） "Using Targeted Vouchers and Health Equity Funds to Improve Access to Skilled Birth Attendants for Poor Women: A Case Study in Three Rural Health Districts in Cambodia," *BMC Pregnancy & Childbirth*, 10 （ 1 ）: 1 -11.

Ito, Seiro and Hisaki Kono （2010） "Why is the Take-up of Microinsurance so Low? Evidence from a Health Insurance Scheme in India," *The Developing Economies*, 48 （ 1 ）: 74-101.

Janssens, Wendy and Berber Kramer （2016） "The Social Dilemma of Microinsurance: Free-riding in a Framed Field Experiment," *Journal of Economic Behavior & Organization*, 131: 47-61.

JICA （2014） *Cambodia Municipality and Province Investment Information 2013*. https://www.jica.go.jp/cambodia/english/office/others/c 8 h 0 vm000001oaq 8 -att/investment_02.pdf （2016/ 8 / 9 閲覧）.

JVC （2015） "Food Security Survey," JVC Cambodia Office.

Karlan, Dean and Jacob Appel （2011） *More Than Good Intention: Improving the Ways the World's Poor Borrow, Save, Farm, Learn, and Stay Healthy*, New York: Dutton.

Kawachi, Ichiro and Lisa F. Berkman （2000） "Social Cohesion, Social Capital, and Health," in Berkman, Lisa F. and Ichiro Kawachi eds., *Social Epidemiology*, Oxford: Oxford University Press.

Kawachi, Ichiro, S. V. Subramanian and Daniel Kim （2008） *Social Capital and Health*, New York: Springer （藤澤由和ほか監訳『ソーシャル・キャピタルと健康』日本評論社, 2008年）.

Kikuchi, Kimiyo, Junko Yasuoka, Keiko Nanishi, Ashir Ahmed, Yasunobu Nohara, Mariko Nishikitani, Fumihiko Yokota, Tetsuya Mizutani and Naoko Nakashima （2018）

"Postnatal Care Could Be the Key to Improving the Continuum of Care in Maternal and Child Health in Ratanakiri, Cambodia," *Plos One*, June 11: 1-13.

Kim, Chase-Young and Martyn Rouse (2011) "Reviewing the Role of Teachers in Achieving Education for All in Cambodia," *Prospects*, 41: 415-428.

Kimsun, Tong, Lun Pide and Sry Bopharah (2013) *Levels and Sources of Household Income in Rural Cambodia 2012*, Working Paper Series No.83, Phnom Penh: CDRI.

Kuan, Tambyan Siok and Soo Jiuan Tan (2011) "Subjective Wellbeing in ASEAN: A Cross-Country Study," *Japanese Journal of Political Science*, 12 (3): 359-373.

Levine, David, Rachel Polimeni and Rachel Gardner (2010) "Assessing the Effects of Health Insurance: The SKY Micro-Insurance Program in Rural Cambodia," Impact Analyses Series, No. 4, Agence Française de Développment.

Levine, David, Rachel Polimeni and Ian Ramege (2016) "Insuring Health or Insuring Wealth?: An Experimental Evaluation of Health Insurance in Rural Cambodia," *Journal of Development Economics*, 119: 1-15.

Li, Shuzhuo, Lu Song and Marcus W. Feldman (2009) "Intergenerational Support and Subjective Health of Older People in Rural China: A Gender-based Longitudinal Study," *Australasian Journal of Aging*, 28 (2): 81-86.

Liljestrand, Jerker and Mean Reatanak Sambath (2012) "Socio-economic Improvements and Health System Strengthening of Maternity Care Are Contributing to Maternal Mortality Reduction in Cambodia," *Reproductive Health Matters*, 20 (39): 62-72.

Lin, Nan (2001) *Social Capital: A Theory of Social Structure and Actions*, Cambridge: Cambridge University Press.

Linde-Rahr, Martin (2008) "Willingness to Pay for Forest Property Rights and the Value of Increased Property Rights Security," *Environmental and Resource Economics*, 41: 465-478.

Lipton, Michael and Martin Ravallion (1995) "Poverty and Policy," in Jere Behrman and T. N. Srinivasan eds., *Handbook of Development Economics Vol. 3*, Amsterdam: North Holland, 2551-2657.

Luangmany, Duangmany, Souphandone Voravong, Kaisorn K. Thanthathep, Daovinh Souphonphacdy and Malabou Baylatry (2009) *Valuing Environmental Services Using Contingent Valuation Method*, Singapore: Economy and Environmental Program for Southeast Asia.

Luch, Likanan (2012) "A Role of Remittances for Smoothing Variations in Household Income in Rural Cambodia," *Journal of Rural Problems*, 48 (2): 204-215.

Macha, Jane, August Kuwawenaruwa, Suzan Makawia, Gemini Mtei and Josephine Borghi (2014) "Determinants of Community Health Fund Membership in Tanzania: A Mixed Methods Analysis," *BMC Health Service Research*, 14 (538): 1-11.

Markussen, Thomas, Maria Fibaek, Finn Tarp and Nguyen Do Anh Tuan (2018) "The Happy Farmer: Self-Employment and Subjective Well-Being in Rural Vietnam," *Journal of Happiness Studies*, 19 (6): 1613-1636.

Mathiyazhagan, K. (1998) "Willingness to Pay for Rural Health Insurance through Community Participation in India," *International Journal of Health Planning and Management*, 13: 47-67.

Matsumoto, Tomoya, Yoko Kijima and Takashi Yamano (2006) "The Role of Local Nonfarm Activities and Migration in Reducing Poverty: Evidence from Ethiopia, Kenya, and Uganda," *Agricultural Economics*, 35: 449-458.

Matsuoka, Sadatoshi, Hirotsugu Aiga, Lon Chn Rasmey, Tung Rathavy and Akiko Okitsu (2010) "Perceived Barriers to Utilization of Maternal Health Services in Rural Cambodia," *Health Policy*, 95: 255-263.

Matul, Michal, Aparna Dalal, Ombeline De Bock and Wouter Gelade (2013) "Microinsurance Demand: Determinants and Strategies," *Enterprise Development and Microfinance*, 24 (4): 311-327.

Meadows, Donella H., Dennis L. Meadows, Jørgen Randers and William W. Behrens Ill (1972) *The Limits to Growth : A Report for the Club of Rome's Project on the Predicament of Mankind*, A Potomac Associates Book.

Michaelowa, Katharina (2001) "Primary Education Quality in Francophone Sub-Saharan Africa: Determinants of Learning Achievement and Efficiency Consideration," *World Development*, 29 (10): 1699-1716.

Ministry of Education, Youth and Sport (2015) *Education Statistics and Indicators 2014-2015*. http://www.moeys.gov.kh/en/emis/1607.html (2016/ 8 / 9 閲覧).

───── (2019) *Public Education Statistics and Indicators 2018-2019*. https://drive.google. com/file/d/ 1 gY 6 lsRbgeU_k 3 q91njviWNKjMJh 9 aqv 4 /view (2020/ 6 / 6 閲覧).

Ministry of Environment (2003) *Cambodia National Report on Protected Areas and Development*. http://www.mekong-protected-areas.org/cambodia/docs/Cambodia_nr.pdf (2017/ 8 /17閲覧).

Ministry of Health (2014) *Measuring Health Expenditure in Cambodia: National Health Accounts Report 2012*. http://www.dacp2014.info/asset/technicals/34646.pdf (2018/ 5 /10 閲覧).

───── (2015a) *Cambodia Demographic and Health Survey 2014*. https://dhsprogram. com/pubs/pdf/fr312/fr312.pdf (2019/ 4 / 6 閲覧).

───── (2015b) *Annual Health Financing Report 2015*. http://dfat.gov.au/about-us/ publications/Documents/cambodia-ministry-of-health-annual-health-financing-report-2014.pdf (2018/ 5 /10閲覧).

───── (2016a) *Fast Track Initiative Road Map for Reducing Maternal and Newborn Mortality 2016-2020*. https://cambodia.unfpa.org/sites/default/files/pub-pdf/ FTIRM_2016_2020_enlgish.pdf (2019/ 4 / 6 閲覧).

───── (2016b) *Health Strategic Plan 2016-2020 (HSP 3)*. http://hismohcambodia.org/ public/fileupload/carousel/HSP 3 - (2016-2020).pdf (2019/ 4 / 6 閲覧).

Ministry of Planning (2014a) *Cambodia Socio-Economic Survey 2013*. https://www.nis. gov.kh/nis/CSES/Final%20Report%20CSES%202013.pdf (2016/ 8 / 9 閲覧).

──────（2014b）*National Strategic Development Plan: 2014-2018*. http://cdc-crdb.gov. kh/cdc/documents/NSDP_2014-2018.pdf（2019/ 4 / 6 閲覧）.

Monk-Turner, Elizabeth and Charlie G. Turner（2012）"Subjective Wellbeing in a Southwestern Province in China," *Journal of Happiness Studies*, 13（ 2): 357-369.

Noor, Noraini M.（2006）"Malaysian Women's State of Well-Being: Empirical Validation of a Conceptual Model," *The Journal of Social Psychology*, 146（ 1): 95-115.

OECD（2019）*OECD Economic Survey Japan 2019*. https://www.oecd.org/economy/ surveys/Japan-2019-OECD-economic-survey-overview.pdf （2020/ 4 / 6 閲覧）.

Open Development Cambodia（2015）"Hectare Forest Cover by Province in Cambodia （1973-2014)," https://data.opendevelopmentmekong.net/dataset/hectare-forest-cover-by-province-in-cambodia-1973-2014（2017/ 8 /17閲覧）.

──────（2016）"Forest Cover," https://opendevelopmentcambodia.net/profiles/forest-cover/（2017/ 8 /16閲覧）.

Ozawa, Sachiko and Damian G. Walker（2011）"Comparison of Trust in Public vs Private Health Care Providers in Rural Cambodia," *Health Policy and Planning*, 26: 120-129.

Pellini, Arnald（2005）"Decentralisation of Education in Cambodia: Searching for Spaces of Participation between Traditions and Modernity," *Compare*, 35（ 2): 205-216.

Platteau, Jean-Philippe and Darwin Ugarte Ontiveros（2013）"Understanding and Information Failures: Lessons from a Health Microinsurance Program in India," Micro Insurance Innovation Facility, Research Paper, No.29, Geneva: ILO.

Platteau, Jean-Philippe, Ombeline De Bock and Wouter Gelade（2017）"The Demand for Microinsurance: A Literature Review," *World Development*, 94: 139-156.

Prusty, Ranjan Kumar, Somethea Buoy, Prahlad Kumar and Manas Ranjan Pradhan（2015）"Factors Associated with Utilization of Antenatal Care Services in Cambodia," *Journal of Public Health*, 23: 297-310.

Putnam, Robert（1993）*Making Democracy Work: Civil Tradition in Modern Italy*, Princeton: Princeton University Press（河田潤一訳『哲学する民主主義──伝統と改革の市民的構造──』NTT出版, 2001年）.

──────（2000）*Bowling Alone: The Collapse and Revival of American Community*, New York: Simon & Schuster（柴内康文訳『孤独なボーリング──米国コミュニティの崩壊と再生──』柏書房, 2006年）.

Ravallion, Martin（2016）*The Economics of Poverty: History, Measurement, and Policy*, Oxford: Oxford University Press（柳原透監訳『貧困の経済学』日本評論社, 2018年）.

Romer, Paul（1990）"Endogenous Technological Change," *Journal of Political Economy*, 98: S71-S102.

Royal Government of Cambodia（2003a）*The Cambodia Millennium Development Goals Report*. http://www.mop.gov.kh/LinkClick.aspx?fileticket=UUcFslM 6 jTI% 3 d&tabid= 156&mid=676（2016/ 8 / 9 閲覧）.

──────（2003b）*Education for All National Plan 2003-2015*. http://datatopics.worldbank. org/hnp/files/edstats/KHMefa03a.pdf（2016/ 8 / 9 閲覧）.

———— (2011a) *Economic Census of Cambodia 2011: Province Report 17 Siem Reap Province.* http://www.stat.go.jp/info/meetings/cambodia/pdf/ec_pr17.pdf（2020/ 5 /24 閲覧）.

———— (2011b) *Achieving Cambodia's Millennium Development Goals: Update 2010.* http://mop.gov.kh/Home/CMDGs/tabid/156/Default.aspx（2017/ 8 /16閲覧）.

———— (2014) *Annual Progress Report 2013: Achieving Cambodia's Millennium Development Goals.* http://www.mop.gov.kh/LinkClick.aspx?fileticket=UUcFslM 6 jTI % 3 d&tabid=156&mid=676（2017/ 8 /16閲覧）.

———— (2018a) *Cambodia Sustainable Development Goals（CSDGs）Framework（2016- 2030）.* http://mop.gov.kh/DocumentEN/CSDG%20Framework-2016-2030%20English. pdf（2020/ 5 /24閲覧）.

———— (2018b) *Cambodia Socio-Economic Survey 2017.* https://www.nis.gov.kh/nis/ CSES/Final%20Report%20CSES%202017.pdf（2020/ 5 /24閲覧）.

———— (2019a) *Cambodia's Voluntary National Review 2019: On the Implementation of the 2030 Agenda for Sustainable Development.* https://sustainabledevelopment.un.org/ content/documents/23603Cambodia_VNR_Publis hingHLPF.pdf（2020/ 5 /24閲覧）.

———— (2019b) *General Population Census of the Kingdom of Cambodia 2019.* https:// cambodia.unfpa.org/sites/default/files/pub-pdf/PopCen2019-ProvReport%20-Final- Eg-27%20July%202019.pdf（2020/ 5 /24閲覧）.

Sachs, Jeffrey (2005) *The End of Poverty: How We Can Make It Happen in Our Lifetime,* London: Wylie Agency.

Sagna, Marguerite L. and T. S. Sunil (2012) "Effects of Individual and Neighborhood Factors on Maternal Care in Cambodia," *Health & Place,* 18: 415-423.

Say, Lale and Rosalind Raine (2007) "A Systematic Review of Inequalities in the Use of Maternal Health Care in Developing Countries: Examining the Scale of the Problem and the Importance of Context," *Bulletin of the World Health Organization,* 85: 812- 819.

Sen, Amartya (1981) *Poverty and Famines: An Essay on Entitlement and Deprivation,* Oxford: Clarendon Press（黒崎卓・山崎幸治訳『貧困と飢饉』岩波書店，2000年）.

———— (1988) "The Concept of Development," in Hollis Chenery and T. N. Srinivasan eds., *Handbook of Development Economics Vol. 1 ,* Amsterdam: North Holland, 9 -26.

———— (1993a) "Capability and Wellbeing," in Nusbaum, Martha and Amartya Sen eds., *The Quality of Life,* Oxford: Clarendon Press, 30-53.

———— (1993b) *Inequality Reexamined,* Oxford: Oxford University Press（池本幸生他訳 『不平等の再検討――潜在能力と自由――』岩波書店，1999年）.

———— (1999) *Development as Freedom,* New York: Alfred A. Knopf（石塚雅彦訳『自由 と経済開発』日本経済新聞社，2000年）.

———— (2003) "The Importance of Basic Education," Guardian, December 28.

Sen, Vicheth (2012) "Social Capital in an Urban and a Rural Community in Cambodia," *Cambodia Development Review,* 16 (2): 5 -10.

Shafie, A. A. and M. A. Hassali (2013) "Willingness to Pay for Voluntary Community-based Health Insurance: Findings from an Exploratory Study in the State of Penang, Malaysia," *Social Science & Medicine*, 96: 272-276.

Simkhada, Bibha, Edwin R. van Teijlingen, Maureen Porter and Padam Simkhada (2008) "Factors Affecting the Utilization of Antenatal Care in Developing Countries: Systematic Review of the Literature," *Journal of Advanced Nursing*, 61 (3): 244-260.

Stone, Kathy, Mahadev Bhat, Ramachandra Bhatta and Andrew Mathews (2008) "Factors Influencing Community Participation in Mangroves Restoring: A Contingent Valuation Analysis," *Ocean & Coastal Management*, 51: 476-484.

Tan, Charlene (2007) "Education Reforms in Cambodia: Issues and Concerns," *Educational Research for Policy and Practice*, 6: 15-24.

Thornton, Rebecca L., Laurel E. Hatt, Erica M. Field, Mursaleena Islam, Freddy Solis Diaz and Martha Azucena Gonzalez (2010) "Social Security Health Insurance for the Informal Sector in Nicaragua: A Randomized Evaluation," *Health Economics*, 19: 181-206.

UNESCO (1945) *Constitution of the United Nations Educational, Scientific and Cultural Organization*. http://unesdoc.unesco.org/images/0022/002269/226924e.pdf#page=6 (2016/1/13閲覧).

————— (2000) *The Dakar Framework for Action: Education for All: Meeting Our Collective Commitments (Including Six Regional Frameworks for Action)*. https://unesdoc. unesco.org/ark:/48223/pf0000121147 (2016/8/9 閲覧).

————— (2010) *Education for Sustainable Development Lens: A Policy and Practice Review Tool*. https://unesdoc.unesco.org/ark:/48223/pf0000190898 (2020/5/10閲覧).

UNESCO Institute for Statistics (2015) *UIS.Stat*. http://data.uis.unesco.org (2016/8/9 閲覧).

UNICEF (2009) *The State of the World's Children 2009: Maternal and Newborn Health*. https://www.unicef.org/publications/files/SOWC_2009_Main__Report__03112009.pdf (2019/4/6 閲覧).

United Nations (1948) *Universal Declaration of Human Rights*. https://www.ohchr.org/EN/UDHR/Documents/UDHR Translations/eng.pdf (2020/5/4 閲覧).

————— (2000) *United Nations Millennium Declaration*. http://mdgs.un.org/unsd/mdg/Resources/Static/Products/GAResolutions/55_2/a_res55_2 e.pdf (2016/8/9 閲覧).

————— (2013) *Global Health and Foreign Policy*. https://digitallibrary.un.org/record/759797/files/A_68_394-EN.pdf (2020/5/4 閲覧).

————— (2015a) *The Millennium Development Goals Report 2015*. http://mdgs.un.org/unsd/mdg/Resources/Static/Products/Progress2015/English2015.pdf (2019/4/6 閲覧).

————— (2015b) *Transforming Our World: The 2030 Agenda for Sustainable Development*. https://sustainabledevelopment.un.org/post2015/transformingourworld/publication (2019/4/6 閲覧).

————— (2018a) *Global Indicator Framework for the Sustainable Development Goals and*

Targets of the 2030 Agenda for Sustainable Development. https://unstats.un.org/sdgs/indicators/Global%20Indicator%20Framework%20after%20refinement_Eng.pdf（2019/ 4 / 6 閲覧）.

――――（2018b）*World Happiness Report 2018.* https://s 3 .amazonaws.com/happiness-report/2018/WHR_web.pdf（2019/ 4 / 6 閲覧）.

――――Website, *About the Sustainable Development Goals.* https://www.un.org/sustainabledevelopment/sustainable-development-goals/（2020/ 6 /24閲覧）.

United Nations' Environmental Animal Health Management Initiative（2012）*National Assessment of Cambodia's Main Crop and Fodder Resources.* https://are.berkeley.edu/~dwrh/FAO_ECTAD_FMD_Cambodia/Documents/AS2012.pdf（2016/ 8 / 9 閲覧）.

United Nations in Cambodia Website, *The Sustainable Development Goals*（*SDGs*）. http://kh.one.un.org/content/unct/cambodia/en/home/the-sdgs.html（2019/ 4 / 6 閲覧）.

Van de Poel, Ellen, Gabriela Flores, Por Ir, Owen O'Donnell and Eddy Van Doorslaer（2014）"Can Vouchers Deliver? An Evaluation of Subsidies for Maternal Health Care in Cambodia," *Bull World Health Organ*, 92: 331–339.

White, Benjamin（1982）"Child Labour and Population Growth in Rural Asia," *Development and Change*, 13: 587–610.

WHO（1948）*Constitution of the World Health Organization.* http://www.opbw.org/int_inst/health_docs/WHO-CONSTITUTION.pdf（2020/ 6 / 2 閲覧）.

――――（2010）*Health Systems Financing: The Path to Universal Coverage.* https://apps.who.int/iris/bitstream/handle/10665/44371/9789241564021_eng.pdf;jsessionid=D4E6F1C16C6AA8E438808FCD1BFA0C63?sequence= 1 （2020/ 5 / 4 閲覧）.

――――（2015a）*Trends in Maternal Mortality: 1990 to 2015: Estimates by WHO, UNICEF, UNFPA, World Bank Group and the United Nations Population Division.* https://www.afro.who.int/sites/default/files/2017-05/trends-in-maternal-mortality-1990-to-2015.pdf（2019/ 4 / 6 閲覧）.

――――（2015b）*The Kingdom of Cambodia Health System Review, Health System in Transition*, 5 （ 2 ）. https://apps.who.int/iris/bitstream/handle/10665/208213/9789290616917_eng.pdf?sequence= 1 &isAllowed=y（2019/ 4 / 6 閲覧）.

――――（2016）*Cambodia-WHO Country Cooperation Strategy 2016-2020.* https://iris.wpro.who.int/bitstream/handle/10665.1/13372/WPRO_2016_DPM_004_eng.Pdf（2019/ 4 / 6 閲覧）.

――――（2017a）*World Health Statistics 2017: Monitoring Health for the SDGs.* https://apps.who.int/iris/bitstream/handle/10665/255336/9789241565486-eng. pdf;jsessionid=209C20A587E6009C 0 A3740991A 9 E2342?sequence= 1 （2019/ 4 / 6 閲覧）.

――――（2017b）*Tracking Universal Health Coverage: 2017 Global Monitoring Report.* https://apps.who.int/iris/bitstream/handle/10665/259817/9789241513555-eng.pdf?sequence= 1 （2019/ 4 / 6 閲覧）.

WHO and UNICEF（2003）*Antenatal Care in Developing Countries: Promises, Achievement and Missed Opportunities: An Analysis of Trends, Levels, and Differentials: 1990-*

2001, whqlibdoc.who.int/publications/2003/9241590947.pdf（2019/ 4 / 6 閲覧）.

Wößmann, Ludger（2010）"Families, Schools and Primary-School Learning: Evidence for Argentina and Colombia in an International Perspective," *Applied Economics,* 42（21）: 2645-2665.

World Bank（2001）*World Development Report 2000/2001: Attacking Poverty,* Washington D.C.: World Bank（西川潤監訳『世界開発報告 2000/01──貧困との闘い──』シュプリンガー，2002年）.

──────（2015）*World Development Indicators.* http://data.worldbank.org/data-catalog/world-development-indicators（2016/ 8 / 9 閲覧）.

──────（2018）*Poverty and Shared Prosperity 2018: Piecing Together the Poverty Puzzle,* Washington D.C.: World Bank.

World Commission on Environment and Development（1987）*Our Common Future,* Oxford: Oxford University Press.

Yagura, Kenjiro（2013a）"Community-based Charity-type Safety Net against Health Shock: The Case of Sangkeaha in Rural Cambodia," *Hannan Ronshu Social Science,* 48（ 2): 1 -30.

──────（2013b）"Community-based Fundraising for User-fee Exemption for Poor People: The Pagoda-based Health Equity Fund in Cambodia," *Hannan Ronshu Social Science,* 49（ 1): 37-54.

Yanagisawa, Satoko, Sophal Oum and Susumu Wakai（2006）"Determinants of Skilled Birth Attendance in Rural Cambodia," *Tropical Medicine and International Health,* 11（ 2): 238-251.

Yip, Winnie, S. V. Subramanian, Andrew D. Mitchell, Dominic T. S. Lee, Jian Wang and Ichiro Kawachi（2007）"Does Social Capital Enhance Health and Well-being?: Evidence from Rural China," *Social Science & Medicine,* 64: 35-49.

Yoeu, Asikin and Isabelita M. Pabuayon（2011）"Willingness to Pay for the Conservation of Flooded Forest in the Tonle Sap Biosphere Reserve, Cambodia," *International Journal of Environmental and Rural Development,* 2（ 2): 1 - 5 .

Yuen, Thomas Wai-kee and Winnie Wan-Ling Chu（2015）"Happiness in ASEAN Countries," *International Journal of Happiness and Development,* 12（ 1): 69-83.

日本語文献

青山温子・原ひろ子・喜多悦子（2001）『開発と健康──ジェンダーの視点から──』有斐閣.

SDGs推進本部（2019a）「SDGs実施指針改定版」https://www.mofa.go.jp/mofaj/gaiko/oda/sdgs/pdf/kaitei_2019.pdf（2020/ 7 / 1 閲覧）.

──────（2019b）「SDGsアクションプラン2020」https://www.mofa.go.jp/mofaj/gaiko/oda/sdgs/pdf/SDGs_Action_Plan_2020.pdf（2020/ 7 / 1 閲覧）.

大竹文雄・白石小百合・筒井義郎編（2010）『日本の幸福度──格差・労働・家族──』日本評論社.

岡田亜弥（2004）「貧困と教育」絵所秀紀ほか編『貧困と開発』日本評論社.

小塩隆士（2014）『「幸せ」の決まり方——主観的厚生の経済学——』日本経済新聞出版社.

外務省（2010）*Japan's Education Cooperation Policy 2011-2015.* https://www.mofa.go.jp/policy/oda/mdg/pdfs/edu_pol_ful_en.pdf（2020/6/12閲覧）.

————（2015）「平和と健康のための基本方針」https://www.mofa.go.jp/files/000099126.pdf（2020/5/4閲覧）.

勝間靖編（2012）『テキスト国際開発論——貧困をなくすミレニアム開発目標へのアプローチ——』ミネルヴァ書房.

蟹江憲史編（2017）『持続可能な開発目標とは何か——2030年へ向けた変革のアジェンダ—』ミネルヴァ書房.

環境省（2010）「生物多様性総合評価報告書」https://www.biodic.go.jp/biodiversity/activity/policy/jbo/jbo/files/allin.pdf（2020/3/2閲覧）.

栗山浩一（1998）『環境の価値と評価手法』北海道大学図書刊行会.

黒崎卓（2009）『貧困と脆弱性の経済分析』勁草書房.

黒崎卓・山形辰史（2003）『開発経済学——貧困削減へのアプローチ——』日本評論社.

厚生労働省（2019）「健康寿命延伸プラン」https://www.mhlw.go.jp/content/12601000/000514142.pdf（2020/11/4閲覧）.

櫻井武司／キムゼインガ・サバドゴ（2007）「戦乱ショックと貧困——ブルキナ・ファソ農村の事例——」大塚啓二郎・櫻井武司編著『貧困と経済発展』東洋経済新報社.

佐藤奈穂（2017）『カンボジア農村に暮らすメマーイ——貧困に陥らない社会の仕組み——』京都大学学術出版会.

JICA（2016）「カンボジア国 医療保障制度に係わる情報収集・確認調査報告書」http://open_jicareport.jica.go.jp/pdf/12260949.pdf（2018/5/10閲覧）.

総務省（2020a）「労働力調査（基本集計）2019年（令和元年）平均（速報）結果の要約」https://www.stat.go.jp/data/roudou/sokuhou/nen/ft/pdf/index1.pdf（2020/11/4閲覧）.

————（2020b）「統計からみた我が国の高齢者」https://www.stat.go.jp/data/topics/pdf/topics126.pdf（2020/11/4閲覧）.

橘木俊詔・高松里江（2019）『幸福感の統計分析』岩波書店.

辻竜平・佐藤嘉倫編（2014）『ソーシャル・キャピタルと格差社会——幸福の計量社会学——』東京大学出版会.

デュフロ，エステル（2017）『貧困と闘う知——教育・医療・金融・ガバナンス——』峰陽一／コザ・アリーン訳，みすず書房.

富田真紀・牟田博光（2010）「生徒の学力に影響を与える因子に関する研究——マラウイ共和国・MALPを事例として——」『国際開発研究』19（1）: 67-79.

中室牧子（2015）『「学力」の経済学』ディスカヴァー・トゥエンティワン.

福井清一・三輪加奈（2014）「カンボジア農村における家計のリスク対応：社会的ネットワークと仕送りの保険機能に着目して」福井清一編『新興アジアの貧困削減と制度——行動経済学的視点を据えて——』勁草書房.

POST2015 プロジェクト（2016）「SDGs達成に向けた日本への処方箋」https://kanie.sfc.keio.ac.jp/post2015/wp-content/uploads/2016/03/prescriptions-for-the-SDGs-implementation.pdf（2020/3/2閲覧）.

本多勝一（1989）『検証　カンボジア大虐殺』朝日新聞社.

村中亮夫・寺脇拓（2005）「表明選好尺度に基づいた里山管理の社会経済評価——兵庫県中町奥中『観音の森』周辺住民の支払意志額と労働意志量に着目して——」『人文地理』57（2）: 27-46.

矢倉研二郎（2006）「カンボジアにおける出稼ぎに対する資産規模の影響——工場出稼ぎとその他出稼ぎの比較——」『農林業問題研究』42（1）: 1-13.

————（2008）『カンボジア農村の貧困と格差拡大』昭和堂.

人 名 索 引

200

事 項 索 引

204

著者紹介

石 黒　　馨（いしぐろ　かおる）
　1954年　愛知県に生まれる
　1985年　神戸大学大学院経済学研究科博士課程修了
　現　在　神戸大学大学院経済学研究科教授を経て,
　　　　　神戸大学名誉教授, Peace with Development 主催
　専　攻　国際政治経済学, 博士（経済学）
　著訳書　『グローバル政治経済のパズル』（勁草書房, 2019年）
　　　　　『国際貿易交渉と政府内対立』（勁草書房, 2017年）
　　　　　『創造するコミュニティ』（共編著, 晃洋書房, 2014年）
　　　　　『国際経済学を学ぶ』（ミネルヴァ書房, 2012年）
　　　　　『インセンティブな国際政治学』（日本評論社, 2010年）
　　　　　『入門・国際政治経済の分析』（勁草書房, 2007年）
　　　　　『開発の国際政治経済学』（勁草書房, 2001年）
　　　　　『国際政治経済の理論』（勁草書房, 1998年）
　　　　　『政治学のためのゲーム理論』（監訳, 勁草書房, 2016年）
　　　　　『覇権後の国際政治経済学』（共訳, 晃洋書房, 1998年）など.
　E-mail：ishiguro@econ.kobe-u.ac.jp

サムナンと学ぶ
SDGs の経済学
——カンボジア農村の貧困と幸福度——

2021年 2 月10日　初版第 1 刷発行	＊定価はカバーに表示してあります

　　　　　　　　　　著　者　　石　黒　　馨 ©
　　　　　　　　　　発行者　　萩　原　淳　平
　　　　　　　　　　印刷者　　河　野　俊一郎

　　　　　　　発行所　株式会社　晃　洋　書　房

　〒615-0026　京都市右京区西院北矢掛町 7 番地
　　　　　　　電話　075（312）0788番（代）
　　　　　　　振替口座　01040 - 6 - 32280

装丁　HON DESIGN（岩崎玲奈）　　印刷・製本　西濃印刷㈱
ISBN 978-4-7710-3445-7